琼斯和琼依的艺术生活

花花世界

琼斯和琼依　著

浙江科学技术出版社

图书在版编目（C I P）数据

琼斯和琼依的艺术生活：花花世界 / 琼斯和琼依著 .
— 杭州：浙江科学技术出版社，2020.1
ISBN 978-7-5341-8825-1

Ⅰ . ①琼… Ⅱ . ①琼… Ⅲ . ①干燥 – 花卉 – 制作
Ⅳ . ① TS938.99 ② J525.1

中国版本图书馆 CIP 数据核字 (2019) 第 230868 号

书　　名	琼斯和琼依的艺术生活　花花世界		
著　　者	琼斯和琼依		
出版发行	浙江科学技术出版社		
	杭州市体育场路 347 号　邮政编码：310006		
	联系电话：0571-85176040		
	网　址：www.zkpress.com		
排　　版	杭州享尔文化创意有限公司		
印　　刷	浙江新华数码印务有限公司		
经　　销	全国各地新华书店		
开　　本	710 × 1 000　1/16	印　张	7.75
字　　数	120 000		
版　　次	2020 年 1 月第 1 版	印　次	2020 年 1 月第 1 次印刷
书　　号	ISBN 978-7-5341-8825-1	定　价	58.00 元

责任编辑　刘雯静	责任校对　赵　艳
封面设计　孙　菁	责任印务　田　文

导读

我俩是相差15分钟出生，从小一起吃饭睡觉、一起上学，有共同兴趣爱好，直到现在一起创业的同卵双胞胎姐妹。姐姐叫琼斯，妹妹叫琼依。

2014年是我们人生的转折点。那一年，我们还在念大学二年级，起初，我们过着惬意的大学生活，平时就是上课、煲剧、玩。当时的我们没有追求、没有梦想，也没有诗和远方，仅仅有眼前能看到的、特别真实的生活。

正是这一年，我们认识了当时所在城市的连锁烘焙企业的电商负责人（之后他也成了我们创业路上的指导老师），那时他们公司在招聘兼职卖面包片。我们想闲着也是闲着，不如趁年轻去社会上锻炼一番。于是我俩决定一起去报名应聘这个兼职工作。意外的是，我们都被录取了，可是接下来的事情远没我们想的那样简单，一开始竟无从着手，一脸茫然，因为我们对销售一窍不通，根本卖不出去面包片。幸运的是，这位指导老师看着我俩傻乎乎的样子，居然愿意帮助我们。于是，在他的指导下，我们从最初的只卖出几盒到后面的销售业绩第一，每个月还有了两三万元的收入，这让我们感受到了自己动手、丰衣足食的幸福感。也是从那时候开始，我们踏上了寻找“幸福感”这条道路。

生活中我们喜欢摆弄花花草草，课余时间会去学习插花丰富生活。一次插花课结束后，我们在整理剩余花材时，随手捡了一些残花，顺手捣鼓成一束非常小的花束，觉着挺有意思，便拿去给插花老师看。老师建议我们加点元素，给这个小花束增加功能性。于是，我们想了一下，就在小花束后面加了张卡片。就这样，我们的第一款设计作品诞生了。我们非常兴奋，看着这个小作品，心里嘀咕着，会有其他人跟我们一样喜欢它吗？为了看看这个小作品的受欢迎程度，我们特地跑到当地夜市上去摆摊，当时还给自己想了一句响当当的口号，“靠自己，要独立”，还有“如果喜欢，请随意支付”这样的标语。值得开心的是，我们在当时吸引了许多来来往往的人的注意，很多人喜欢我们的作品，后来我们还因此上了新闻，获得“夜市女神”这一称号。

那段时光我们很快乐，越做越有意思。这个爱好虽然与我们的大学专业方向不一致，但我们找到了自己真正喜欢、热爱的事情。之后我们在学校附近开了一间小小的工作室，专门研究怎么用纯天然材料制作工艺品，把自己对美学的理解融入每一个作品的设计里，让人真实地体验将大自然的神奇魅力戴在身上的感觉。

从夜市摆摊到每天都接到许多订单；从第一款设计作品，到现在上千款设计作品。这一路，当然不是顺风顺水。有支持的声音，就有反对的声音。而最强烈的反对来自我们最亲近的家人、好友。我们的父母不奢望儿女大富大贵，但总希望儿女能陪伴在他们身边，过平平淡淡、安安稳稳的生活。他们不理解我们为何放弃一个务实的专业，去从事设计，而且一年到头在外奔波，那么辛苦。我们还经历过微信被父母拉黑的无奈。所幸的是，总有我们的指导老师一直支持着我们，做我们的后盾。而今，我们的事业逐渐步入正轨，收获了许多人的认可，这些人与我们一样热爱生活，热爱自然艺术，且热爱着我们的天然设计作品。

我们时常去参加各种展览、展会，获得了不少好评，甚至是大咖明星的夸赞。浙江卫视、腾讯新闻、《钱江晚报》等多家媒体曾采访报道我们的故事和设计作品。非常荣幸的是，我们现在还和联合国邮政管理局签署了合作协议，成为联合国邮票的中国区代理商，并且利用我们的设计理念结合联合国邮票推出了一系列的邮票衍生设计作品。这些作品不仅得到了联合国纽约总部联合国邮政管理局局长的肯定，而且得到了大量粉丝的追捧和喜爱。

在我们不断学习、不断设计作品期间，关注我们的人越来越多，想跟着我们学习设计的人也越来越多。其实，这也是我们的初衷，让有共同兴趣爱好的人一起参与进来，享受大自然给我们带来的愉悦感。起初，我们就以一对一在线视频教学和现场教学的形式教大家制作自己的专属作品。可是报名学习的人太多，而我们时间、精力有限，很多学员等待的周期太长，无法满足大家渴望学习的要求。于是，我们总结近四年的上课经验以及评估了初学者的学习难度级别，编写了一本基础款设计作品教程，即《琼斯和琼依的艺术生活 花花世界》一书。本书是一本用纯天然花材为原料设计制作的基础设计款式教程，包括耳环、胸针、手链、项链等饰品种类。书中不仅介绍了各种制作工具的使用方法，而且还有作品详细的制作流程和制作技巧，并且每一款作品都有其独特的设计理念。不仅如此，为了让读者更加全面地掌握制作技巧，我们还制作了视频，方便读者学习。在这里，你可以充分发挥你的想象力，举一反三，学习制作你自己的专属作品。这是一件极具幸福感和满足感的事情，希望读者可以跟我们一样享受其中。

在此，我们要感谢创业路上一直不离不弃的指导老师，感谢与我们朝夕相处的共同创作的小伙伴们，感谢我们的二姑姑在最开始的时候给予我们资金上的支持，感谢我们的家人从不理解、不支持到现在给予的认可和肯定，感谢所有一直关注、关心、支持我们的粉丝朋友们。

但愿此书能带你进入艺术的浩瀚领域，开启你心中的一扇窗，感受你手中的大自然的魅力。最后，“艺”海无涯“勤”作舟，让我们一起在艺术的殿堂里遨游，勇攀艺术的高峰。

目录
Contents

工具

1. 固化灯：用于快速固化胶水。

2. 镊子：用于夹取材料、配件等。

3. 圆口钳：用于金属配件的弯曲、绕圈操作。

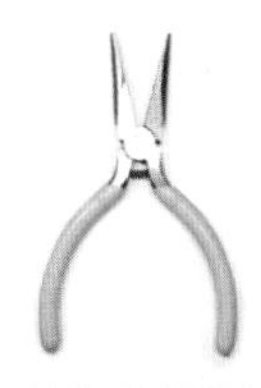

4. 平口钳：用于金属配件的夹持、弯折操作。

5. 硅胶垫：作品制作过程中的操作台，即用于制作中材料的放置、涂胶等操作。

6. 笔刷：用于材料的涂胶操作。

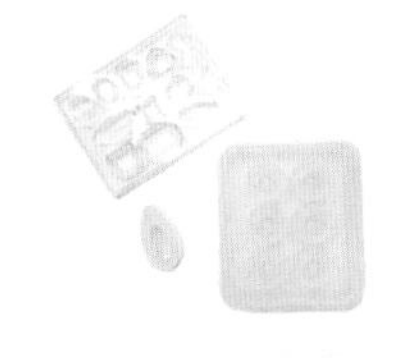

7. 模具：用于作品造型的固定。

8. 开圈戒指：用于开口圈的打开和闭合操作。

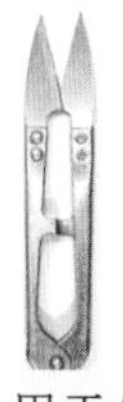

9. 剪刀：用于修剪花材与配件。

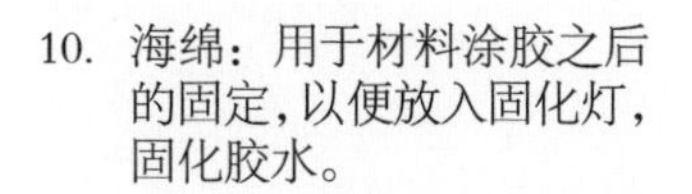

10. 海绵：用于材料涂胶之后的固定，以便放入固化灯，固化胶水。

配件

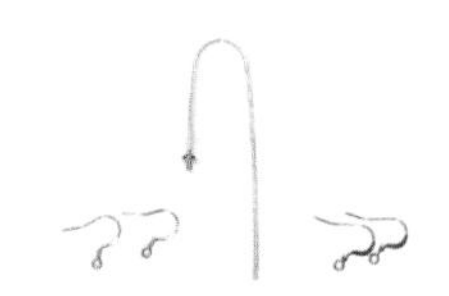

1. 耳钩。

2. 耳针。

3. 耳链。

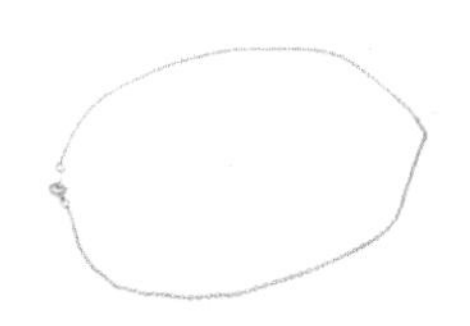

4. 成品链。

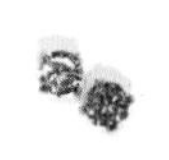

5. 锆石。

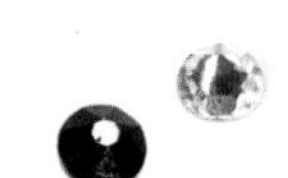

6. 平底钻。

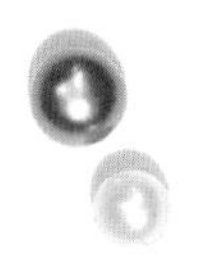

7. 珍珠。

8. 小金珠。

9. 月光石。

10. 黑尖晶。

11. 连接片、龙虾扣。

12. 戒托。

13. 胸针。

14. 金属几何框。

15. 散链。

16. 开口圈。

17. 9 字针。

18. T 形针。

19. 金包边。

20. 吊帽。

21. 流苏帽。

22. 耳钉堵。

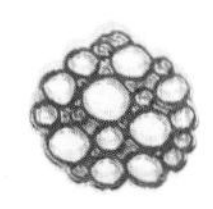

23. 连接花片。

24. 金线。

材料

1. 固化胶：涂抹在花材上的胶水。

2. 白晶菊。

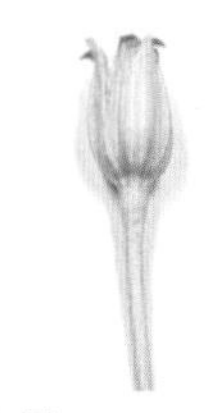

3. 风铃果。

4. 千日红。

5. 非洲菊。

6. 爱心玫瑰花瓣。

7. 玫瑰花苞。

8. 蔷薇花苞。

9. 百日菊。

10. 满天星。

11. 枫叶。

12. 小蜡菊。

13. 金叶子。

14. 绣球花。

15. 三色堇。

16. 金扇叶。

17. 金叶脉。

18. 侧柏。

19. 绿乌蕨。

20. 铁线蕨。

21. 花叶蔓。

22. 金箔。

01 |《童心》耳饰

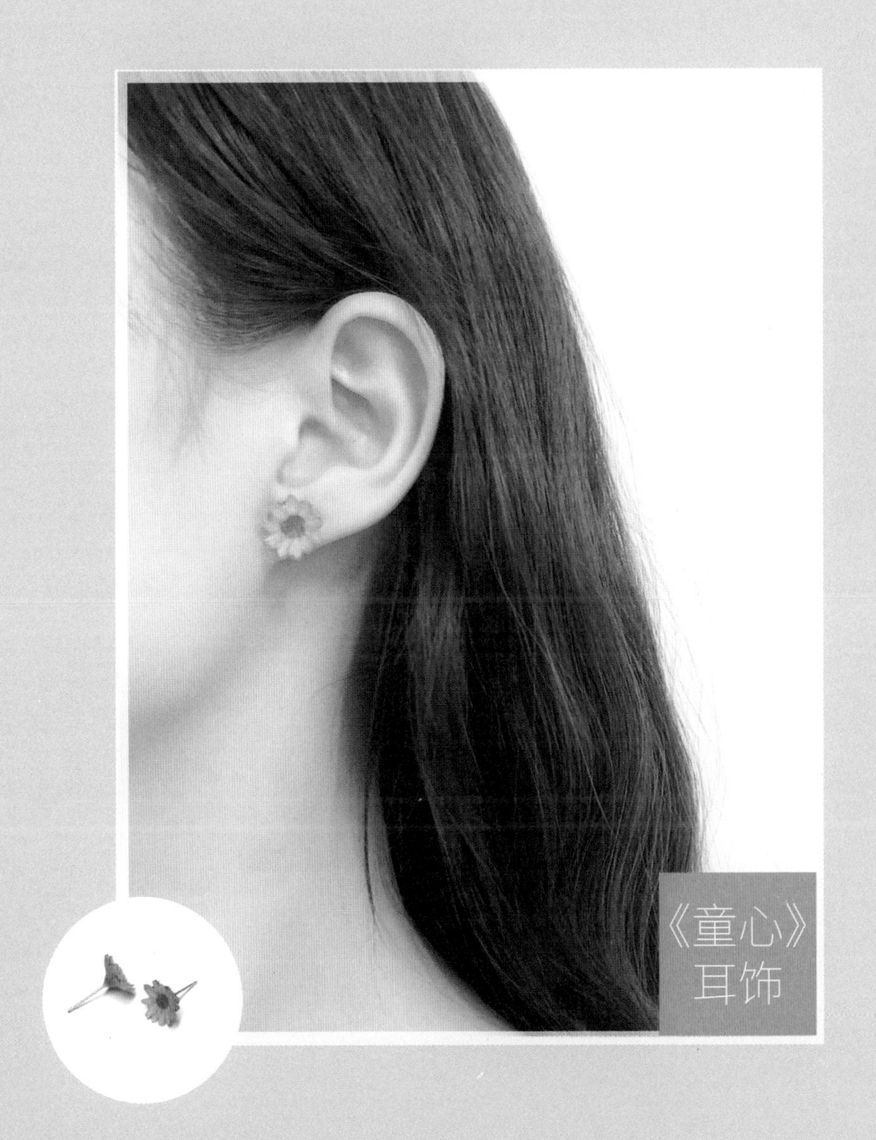

《童心》耳饰材料包

- **工具：** 固化灯、剪刀、镊子、硅胶垫、海绵、笔刷
- **配件：** 耳针、耳钉堵
- **材料：** 固化胶、小蜡菊

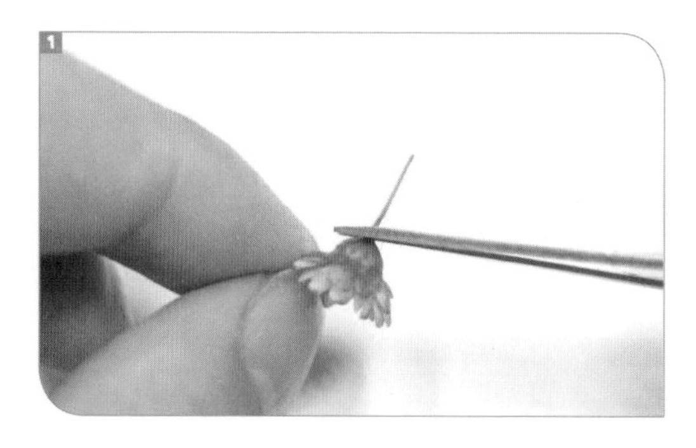

01

选取一朵经过脱水保色处理后的小蜡菊，修剪花柄。

02

将修剪好的小蜡菊放在硅胶垫上，并在如图所示位置挤入一点固化胶。

03

用镊子将耳针垂直放置于小蜡菊刚挤上固化胶的位置。

04

用镊子扶住耳针，轻轻地将硅胶垫推入固化灯中照射 1 分钟，使耳针与花接触的部分初步固定。

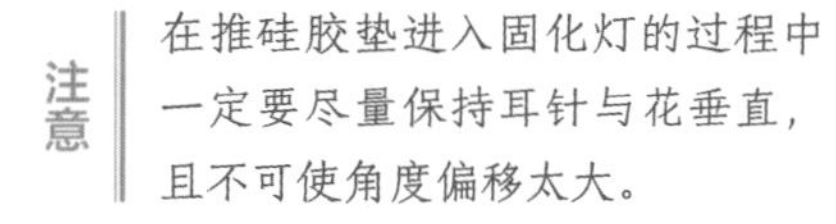
注意

在推硅胶垫进入固化灯的过程中一定要尽量保持耳针与花垂直，且不可使角度偏移太大。

05

取出固定好耳针的小蜡菊，用手捏住耳针，如图所示再次挤入固化胶。

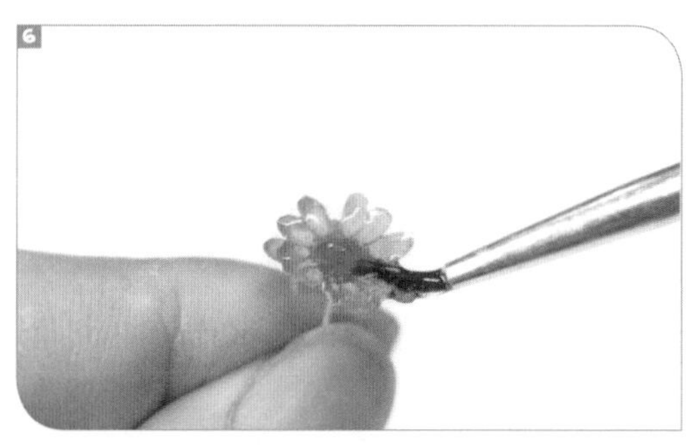

06

用笔刷采取由内到外涂抹的方式把固化胶均匀涂满花朵。

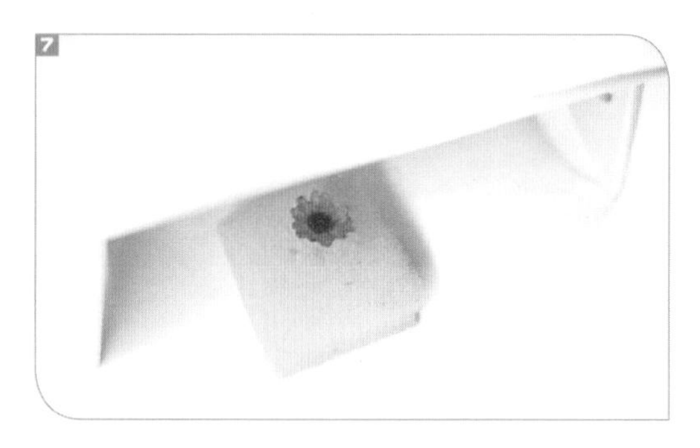

07

胶水涂好后，将小蜡菊插在小海绵上，然后放入固化灯中照射 4—8 分钟，待胶水完全固化后取出。

小贴士

检查固化胶是否完全固化的方法是照射结束后用手轻触胶水表面，若表面有粘连感，则说明固化胶未完全固化，需继续放入固化灯中照射，直至胶水表面无粘连感即可。以下操作中均会用到此方法来检查固化胶是否完全固化。

08

用手捏住耳针，在如图所示位置挤上固化胶。

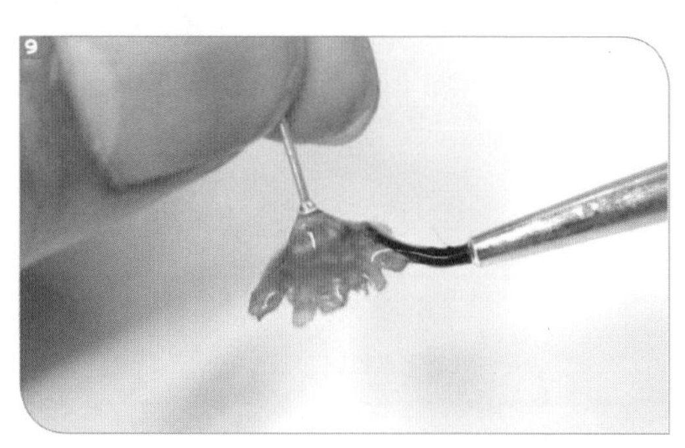

09

用笔刷由内到外把固化胶均匀涂满花朵。花朵与耳针的连接处可多涂点固化胶，使其连接牢固，从而使得作品在佩戴过程中耳针不容易脱落。

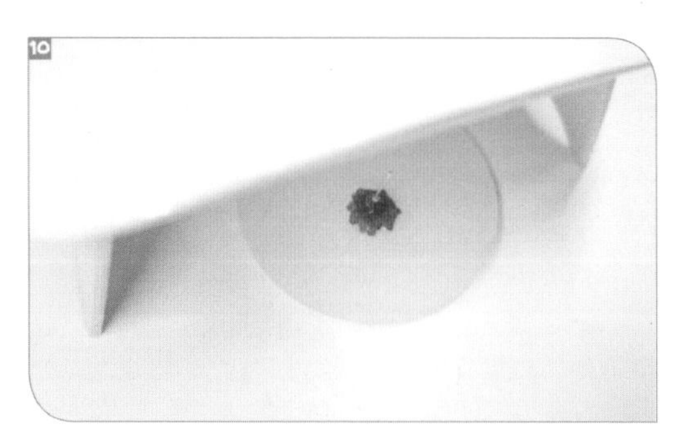

10

胶水涂好后，将小蜡菊花蕊朝下放在硅胶垫上，推入固化灯中照射 4—8 分钟，待胶水完全固化后，一只《童心》耳饰制作完成。

11

如上述步骤重复操作一次制作另一只耳饰，作品制作完成。

02 |《眷恋》耳饰

《眷恋》耳饰材料包

- **工具：** 固化灯、剪刀、镊子、硅胶垫、笔刷、平口钳
- **配件：** 耳钩、开口圈
- **材料：** 固化胶、枫叶

01

选取一片经过脱水保色处理后的枫叶，用剪刀修剪枫叶的尖角和叶柄。

02

将修剪好的枫叶自行选择一面朝上平铺于硅胶垫上，在叶基处挤一点固化胶，把开口圈一半放置在枫叶上，一半悬空，用笔刷轻推胶水，让胶水包裹住接触枫叶部分的开口圈。

03

将包裹好开口圈的枫叶放入固化灯中照射 1 分钟，使开口圈初步固定。

04

在枫叶表面挤入胶水，用笔刷由内向外将胶水均匀涂开。

05

将涂好胶水的枫叶放入固化灯中照射4—8分钟，待胶水完全固化后取出。

06

将枫叶翻转，在另一面挤入胶水，用笔刷均匀涂开后放入固化灯中照射4—8分钟，让胶水完全固化。

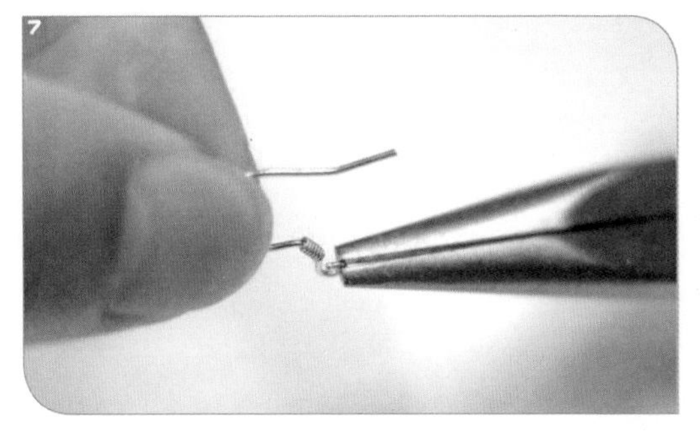

07

用平口钳打开耳钩尾部的开口圈。

08

将枫叶挂入开口圈。

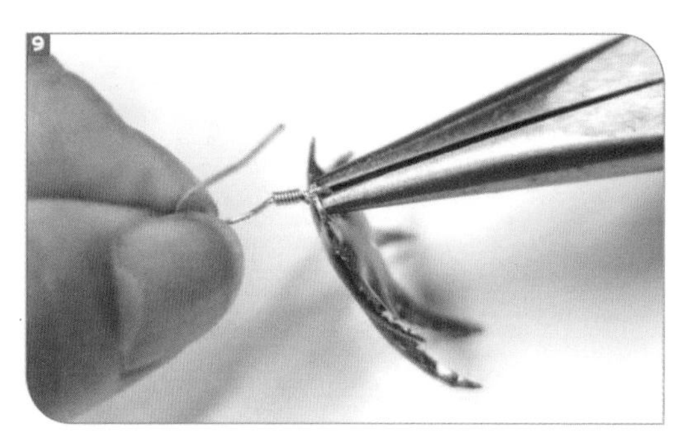

09

再用平口钳闭合开口圈，一只《眷恋》耳饰制作完成。

10

如上述步骤重复操作一次制作另一只耳饰，作品制作完成。

03 | 《真诚》耳饰

《真诚》耳饰材料包

- **工具：** 固化灯、镊子、硅胶垫、笔刷、平口钳
- **配件：** 耳钩、开口圈
- **材料：** 固化胶、百日菊

01

选取一朵经过脱水保色处理后的百日菊，如图所示平铺于硅胶垫上，选择一片较宽的花瓣，在上面挤一点固化胶。

02

将开口圈一半放置在挤有固化胶的花瓣边缘，另一半悬空，用笔刷轻推胶水，使胶水均匀涂满该花瓣，并包裹住接触花瓣部分的开口圈。

03

将涂好胶水的百日菊放入固化灯中照射1分钟，使其初步固定。

04

取出固定好开口圈的百日菊，在其他花瓣表面挤入胶水，用笔刷由内向外均匀涂开。

05

将涂好胶水的花朵放入固化灯中照射4—8分钟，让胶水完全固化。

06

取出花朵，将其翻转，在另一面挤入胶水，用笔刷由内向外把胶水涂开。然后放入固化灯中照射4—8分钟，让胶水完全固化。

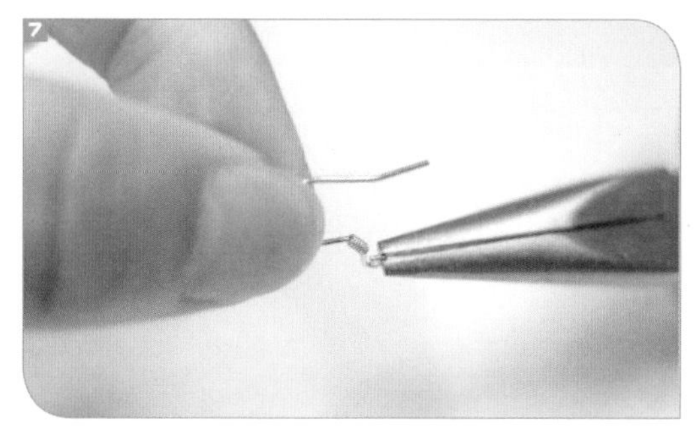

07

用平口钳打开耳钩下方的开口圈。

08

将花朵如图所示挂入耳钩尾部的开口圈。

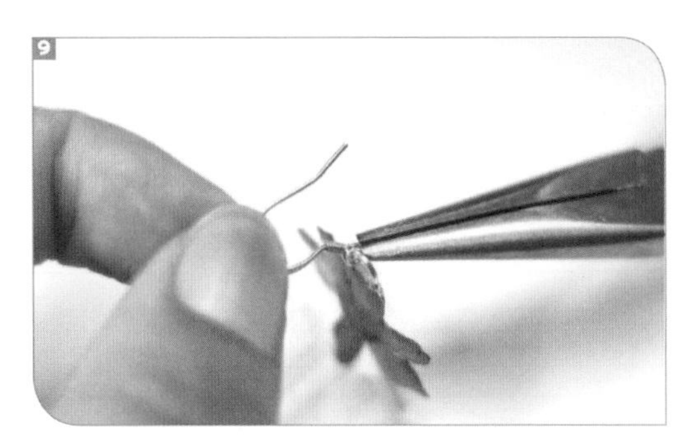

09

再用平口钳闭合开口圈，一只《真诚》耳饰制作完成。

10

如上述步骤重复操作一次制作另一只耳饰，作品制作完成。

04 | 《黎明》耳饰

《黎明》耳饰材料包

- **工具：** 固化灯、镊子、硅胶垫、笔刷、平口钳
- **配件：** 耳钩、开口圈、平底钻、锆石
- **材料：** 固化胶、花叶蔓

1

01

选取一片经过脱水保色处理后的花叶蔓平铺在硅胶垫上，如图所示在叶子上挤入固化胶。

2

02

用镊子轻轻按住花叶蔓（目的是防止在涂胶水的过程中材料移动，胶水不容易涂匀），用笔刷推开固化胶直至均匀涂满叶子。

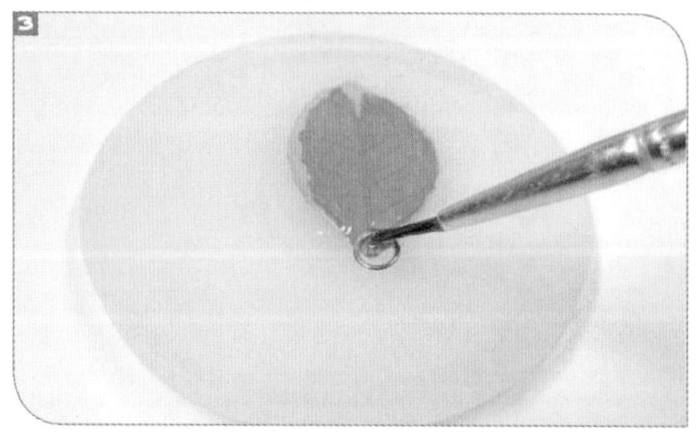

3

03

将开口圈一半放置在如图所示位置，另一半悬空，用笔刷轻推胶水，直至胶水完全包裹住接触花叶蔓部分的开口圈。

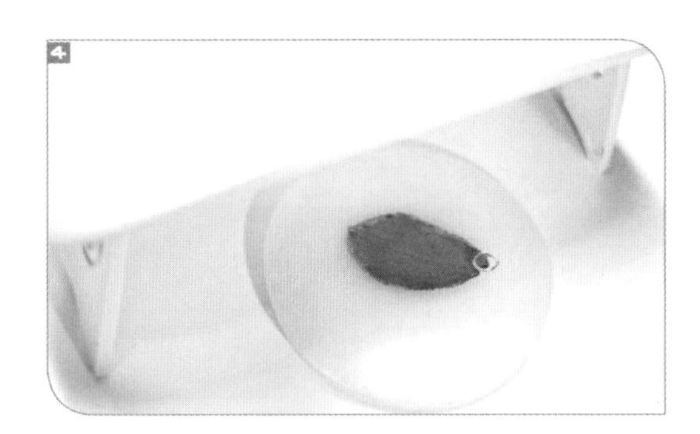

04

将涂好胶水的花叶蔓放入固化灯中照射4—8分钟，让胶水完全固化。

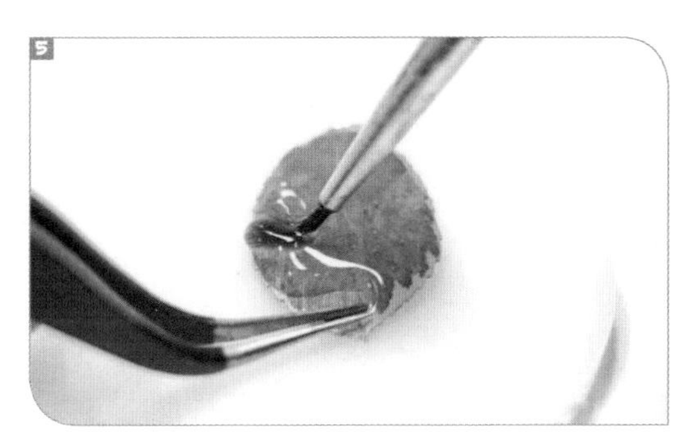

05

将花叶蔓翻转，在另一面挤入胶水并涂抹均匀。

06

涂完后，将平底钻和锆石点缀于花叶蔓侧边。

小贴士 平底钻和锆石的位置可根据各人的审美喜好进行设计，每个人都可做出属于自己的独一无二的作品。

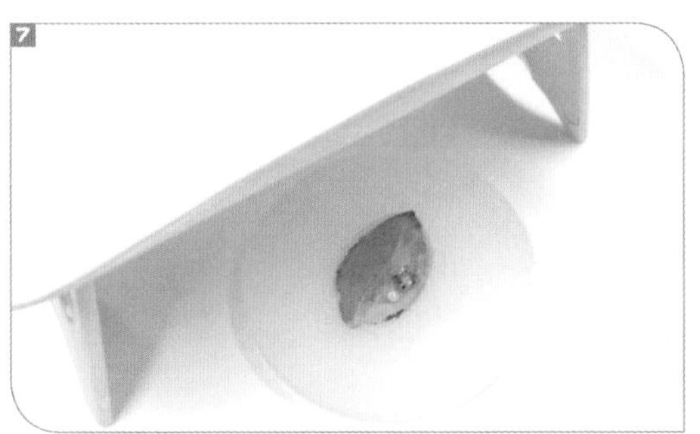

07

将点缀好平底钻和锆石的花叶蔓放入固化灯中照射4—8分钟，让胶水完全固化。

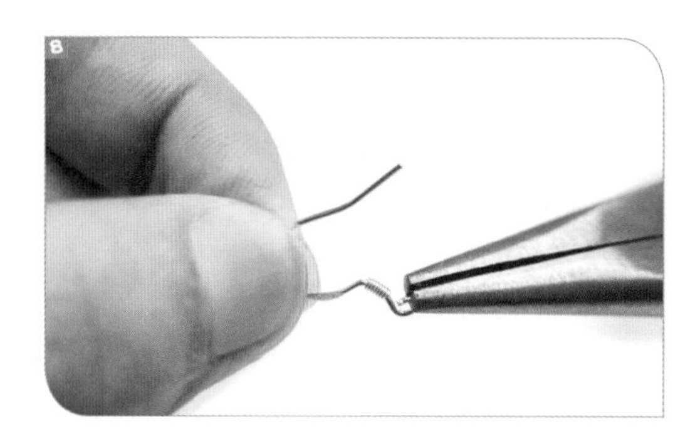

08

用平口钳打开耳钩下方的开口圈。

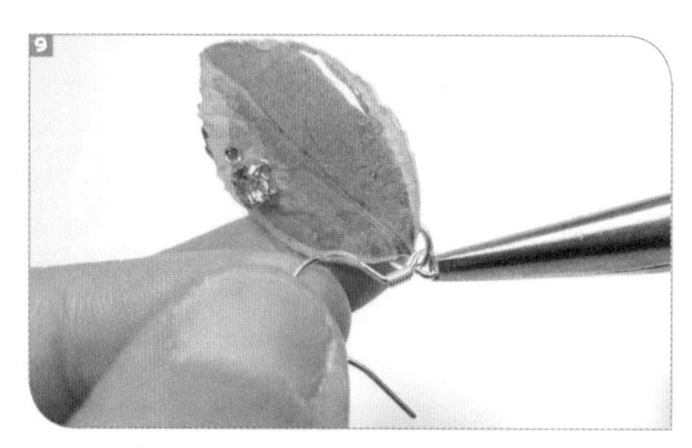

09

将花叶蔓挂入耳钩下方的开口圈中，再用平口钳闭合开口圈，一只《黎明》耳饰制作完成。

10

如上述步骤重复操作一次制作另一只耳饰，作品制作完成。

05 《扶摇》戒指

《扶摇》戒指材料包

- **工具：**固化灯、剪刀、镊子、笔刷、海绵
- **配件：**戒托
- **材料：**固化胶、蔷薇花苞

01

选取一朵经过脱水保色处理后的蔷薇花苞，把花苞破损的花瓣、花萼用剪刀修剪掉，再剪去一部分花梗。

02

花苞修剪完成后，一只手拿着花梗，另一只手把固化胶挤到花苞上。

03

用笔刷将花苞反复刷匀，随后将花萼内侧的胶水也充分刷匀。

小贴士

在用笔刷刷胶水的过程中，要确保花苞的每个角落都涂满胶水，不能留有空隙，否则在佩戴过程中，作品会因空气进入而出现快速褪色的现象。

04

将涂好胶水的花苞插入海绵，放入固化灯中照射 4—8 分钟，让胶水完全固化。

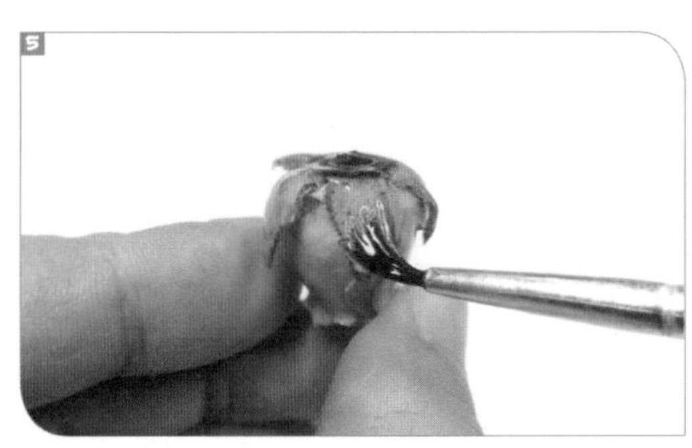

05

将花梗和花托修剪干净，如图所示，一只手捏着花苞，另一只手在花萼上挤入固化胶，用笔刷将花萼上的胶水涂匀。

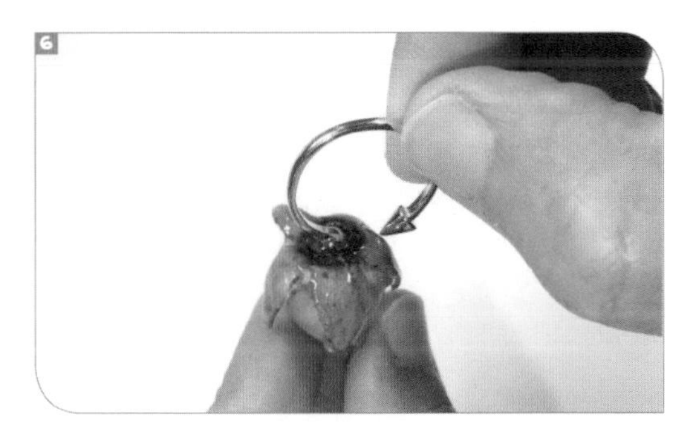

06

把戒托插入如图所示位置，注意戒托另一端的箭头不要与花苞接触。

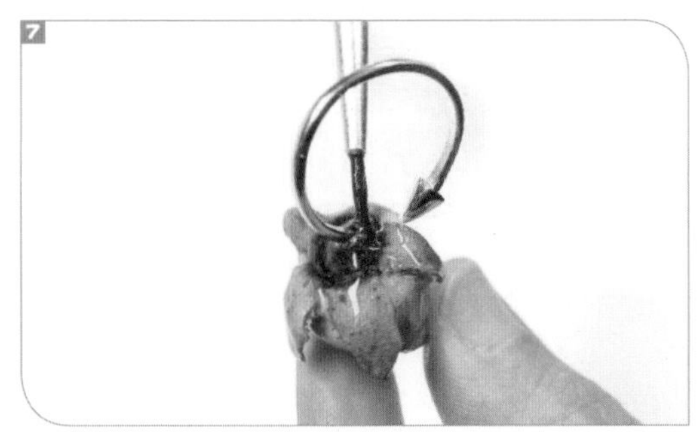

07

用笔刷将胶水均匀推至戒托周围。

08

将花苞如图所示直立放置于镊子上，缓慢移动镊子将花苞送入固化灯中照射4—8分钟，让胶水完全固化。

09

一枚《扶摇》戒指制作完成。

06 |《绿野仙踪》耳饰

《绿野仙踪》耳饰材料包

- **工具：** 固化灯、模具、镊子、笔刷
- **配件：** 耳针、耳钉堵
- **材料：** 固化胶、绿乌蕨

01

准备一个干净的模具。

02

在模具中挤入接近模具一半量的固化胶，用笔刷将其均匀推开，让固化胶平铺在模具底部。

03

摘取适当大小的绿乌蕨，较绿的一面朝下，平铺在模具内的固化胶上。

04

将放好绿乌蕨的模具放入固化灯中照射1分钟，使胶水初步凝固。

05

取出模具，再次挤入胶水将模具填满。

注意 挤胶水时要一点一点挤，不要让胶水溢出模具，否则作品出模时边缘不够光滑而影响美感。

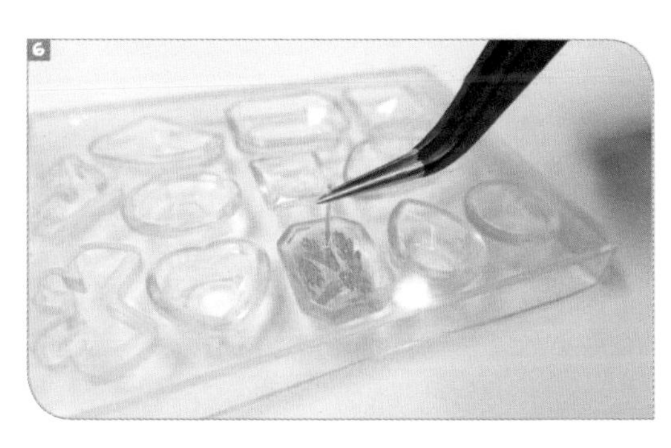

06

把耳针插入如图所示位置。

07

用镊子扶住耳针，将模具轻轻推入固化灯中照射1分钟，待绿乌蕨表面胶水初步凝固后镊子即可松开，继续照射4—8分钟，让胶水完全固化。

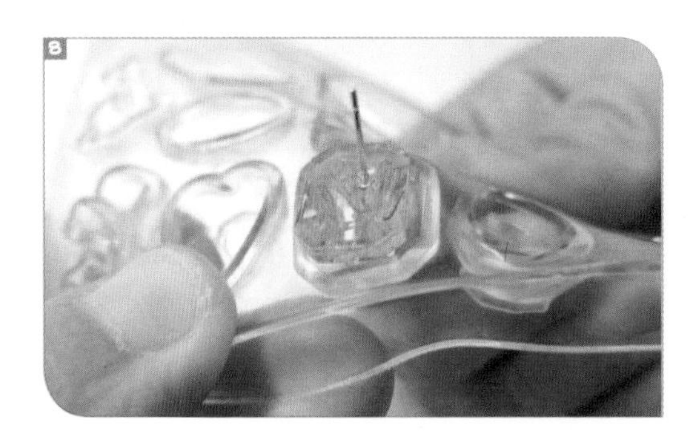

08

胶水完全固化后按图示方法将作品脱模。

09

一只《绿野仙踪》耳饰制作完成。

10

如上述步骤重复操作一次制作另一只耳饰，作品制作完成。

07 《沐柏》耳饰

《沐柏》耳饰材料包

- **工具：** 固化灯、镊子、硅胶垫、笔刷
- **配件：** 耳针、耳钉堵、金属几何框
- **材料：** 固化胶、侧柏

01

选择一个圆形金属几何框放在干净、平整的硅胶垫上，在框内挤入固化胶。

02

用笔刷使胶水均匀平铺在金属框内。

03

摘取适当大小的侧柏平铺在金属框内的固化胶上。

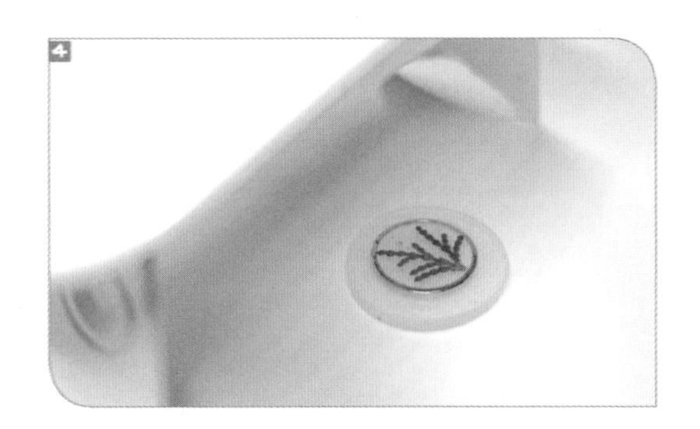

04

将硅胶垫推入固化灯中照射 1 分钟，使侧柏下面的胶水初步凝固。

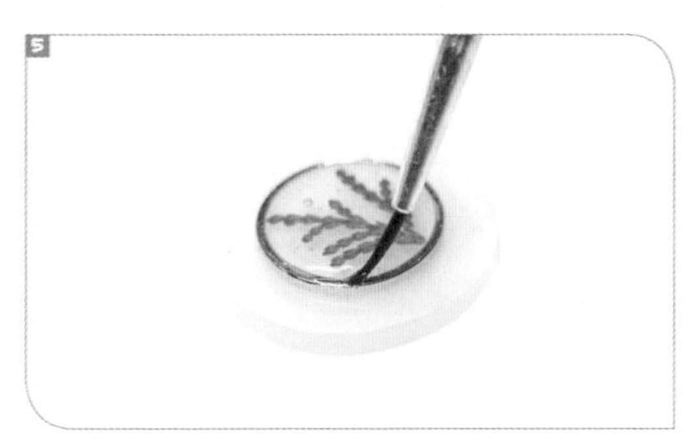

05

再在侧柏上面挤入少量固化胶，用笔刷将其均匀推开，把侧柏完全包裹住，不要留有空隙。

06

胶水涂好后，再次将硅胶垫推入固化灯中照射 4—8 分钟，让胶水完全固化。

07

将金属框翻面，如图所示挤入固化胶，用笔刷均匀推开。

08

胶水涂好后把耳针插入如图所示位置，再用笔刷把固化胶推至耳针周围。

09

待耳针初步固定后，将硅胶垫轻轻推入固化灯中照射 4—8 分钟，让胶水完全固化，一只《沐柏》耳饰完成。

10

如上述步骤重复操作一次制作另一只耳饰，作品制作完成。

08 《徊》项链

《徊》项链材料包

- **工具：** 固化灯、剪刀、镊子、硅胶垫、笔刷
- **配件：** 成品链、心形金属几何框、金箔
- **材料：** 固化胶、爱心玫瑰花瓣

01

选取一个心形的金属几何框放在平整的硅胶垫上，在框内挤入少量固化胶，用笔刷将其推匀并填满心形框底部。

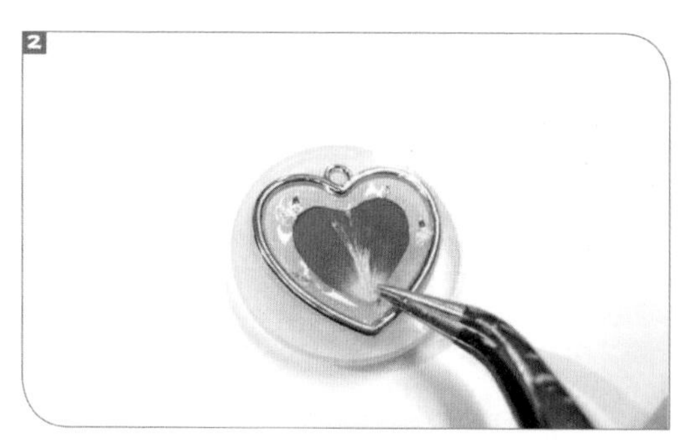

02

将金箔和爱心玫瑰花瓣铺在金属几何框内的固化胶上。

03

将铺好金箔和爱心玫瑰花瓣的心形金属几何框放入固化灯中照射 1 分钟，使固化胶初步凝固。

04

再次挤入固化胶至玫瑰花瓣表面，用笔刷将胶水由内向外均匀涂满整个心形框。

05

胶水涂好后将其放入固化灯中照射 4—8 分钟，让胶水完全固化。

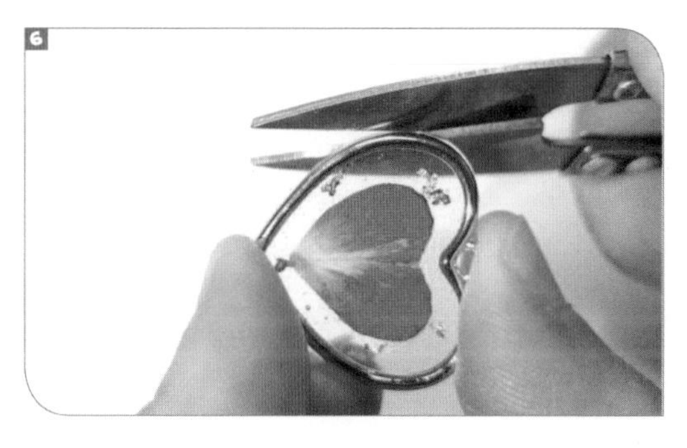

06

胶水完全固化后，若心形金属几何框侧面有溢出的固化胶，可用剪刀修剪干净。

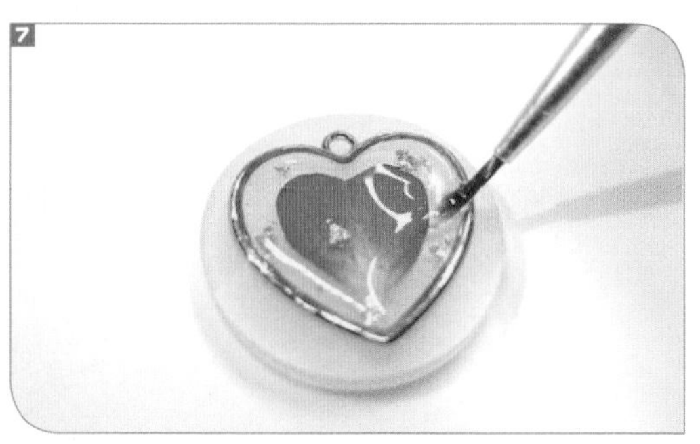

07

将金属几何框翻面，在框内挤入胶水，用笔刷均匀涂满整面。

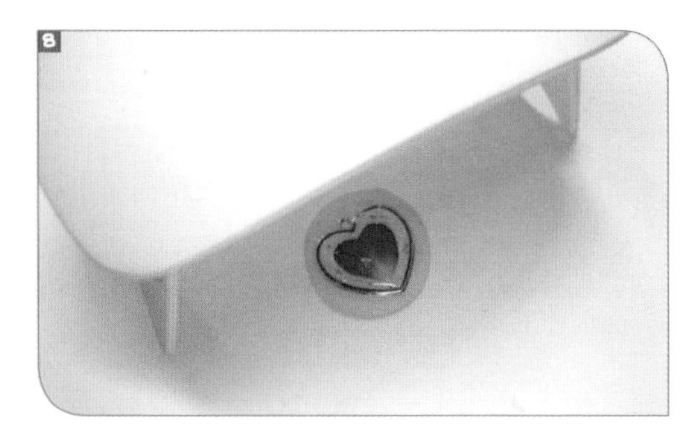

08

胶水涂好后再次放入固化灯中照射 4—8 分钟，让胶水完全固化。

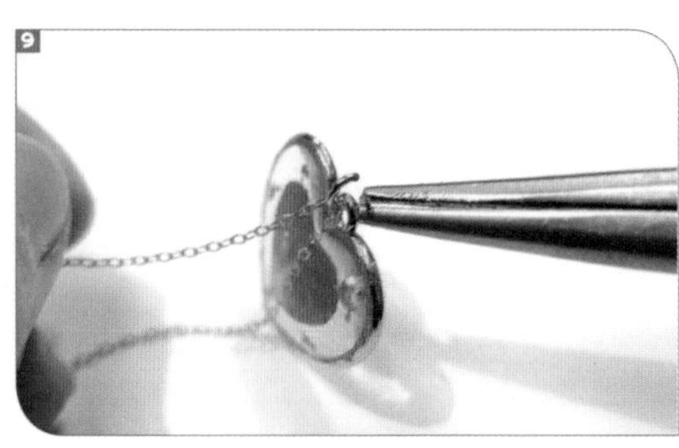

09

待胶水完全固化后，把心形金属几何框和成品链都挂入开口圈并闭合。

10

一条《徊》项链制作完成。

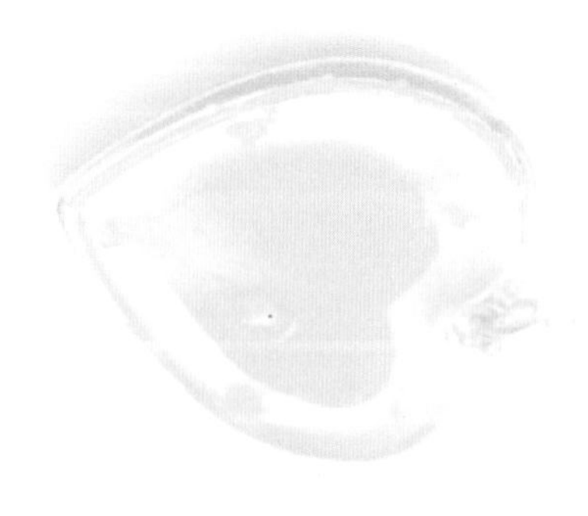

09 | 《夙》耳饰

《夙》耳饰材料包

- **工具：** 固化灯、镊子、硅胶垫、笔刷
- **配件：** 耳针、金属几何框、金箔、耳钉堵
- **材料：** 固化胶、满天星

01

把六边形金属几何框放在平整的硅胶垫上，在框内挤入少量固化胶。

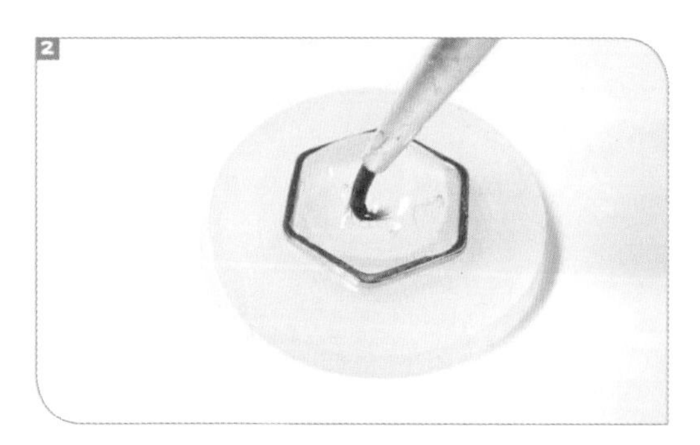

02

用笔刷推开固化胶并使胶水均匀平铺在金属框内。

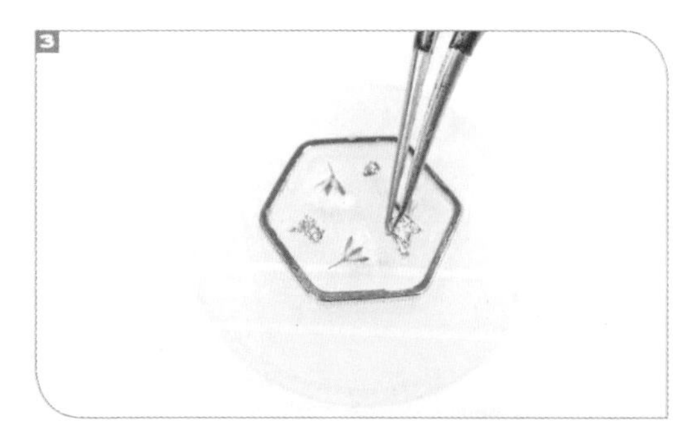

03

摘取适当大小的满天星和金箔平铺在固化胶上。

04

铺好后将硅胶垫放入固化灯中照射 1 分钟，使胶水初步凝固。

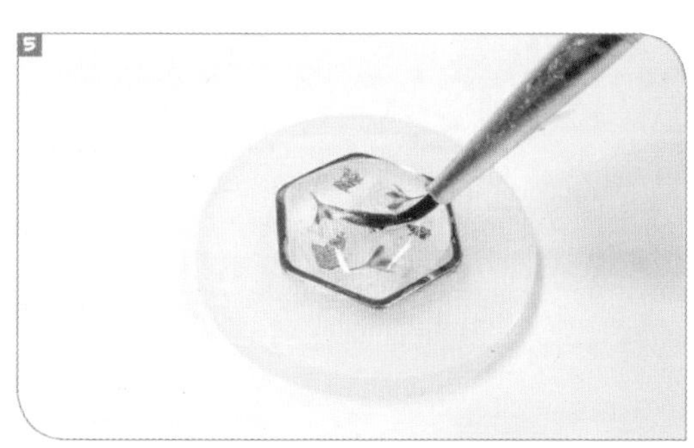

05

接着，在框内再次挤入固化胶，用笔刷将胶水由内到外均匀推开，填满整个金属框。

06

随后将硅胶垫放入固化灯中照射 4—8 分钟，让胶水完全固化。

07

取出硅胶垫，将金属几何框翻面，挤入固化胶，用笔刷均匀涂开。

08

涂好后把耳针插入如图所示位置，用笔刷把固化胶推至耳针周围。

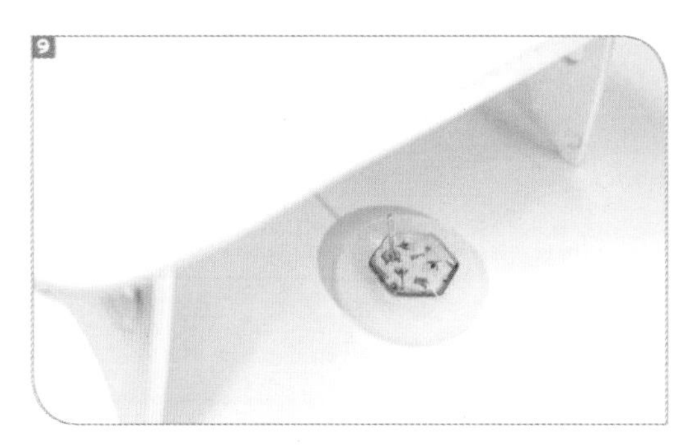

09

待耳针初步固定后，将硅胶垫放入固化灯中照射 4—8 分钟，让胶水完全固化，一只《夙》耳饰制作完成。

10

如上述步骤重复操作一次制作另一只耳饰，作品制作完成。

10 | 《生机》耳饰

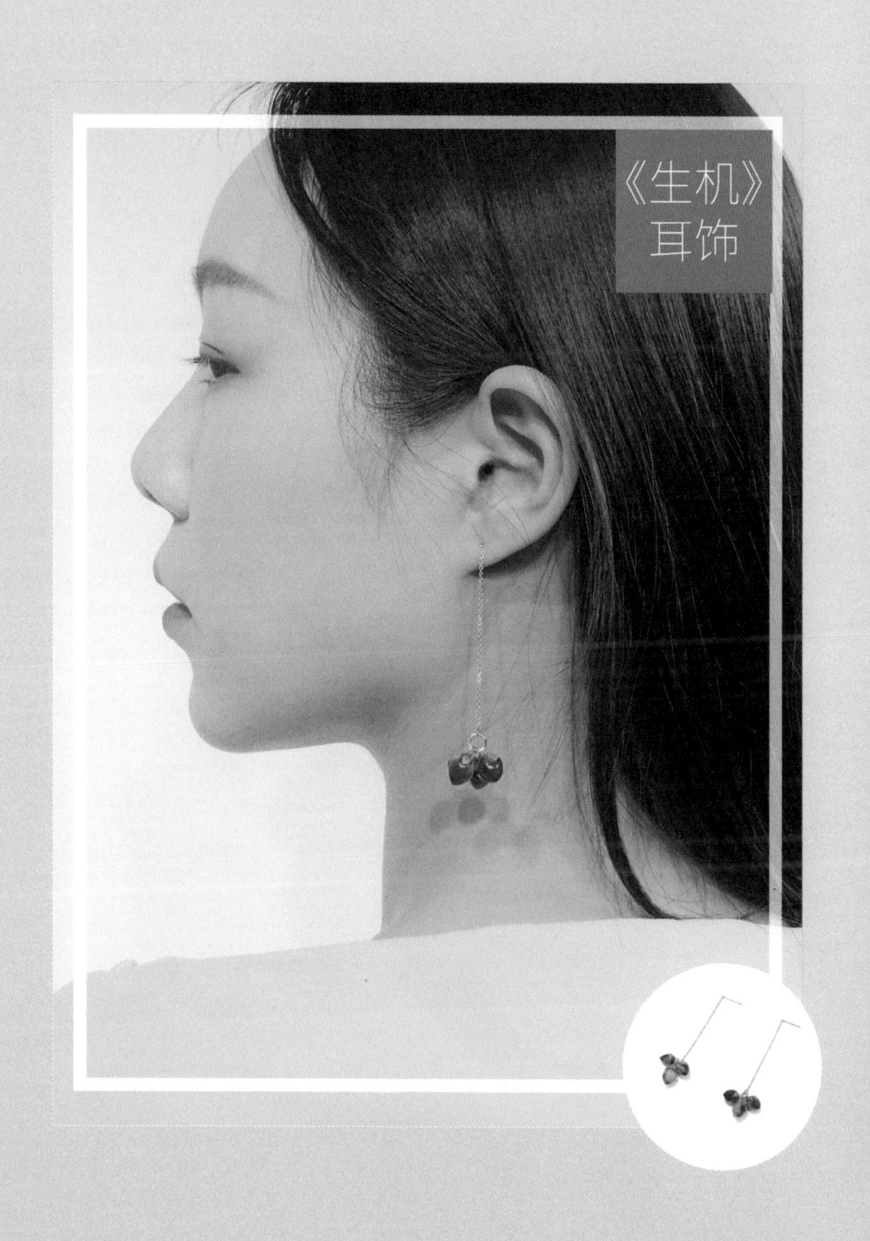

《生机》耳饰材料包

- **工具：** 固化灯、剪刀、镊子、海绵、笔刷、圆口钳、平口钳
- **配件：** 金线、耳链、开口圈
- **材料：** 固化胶、玫瑰花苞

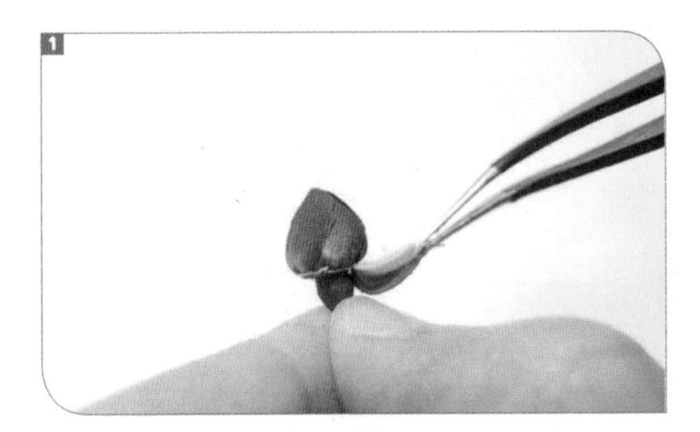

01

选取一朵经过脱水保色处理后的玫瑰花苞，把花苞外层破损的花瓣、花萼用镊子拔掉，再剪去花梗和花托。

02

花苞修剪好后，把固化胶挤入如图所示位置。

03

用镊子夹取一根金线插入如图所示位置。

04

然后用镊子轻轻夹着花苞缓慢移入固化灯中照射 1 分钟，使金线接触花苞处的胶水初步凝固。

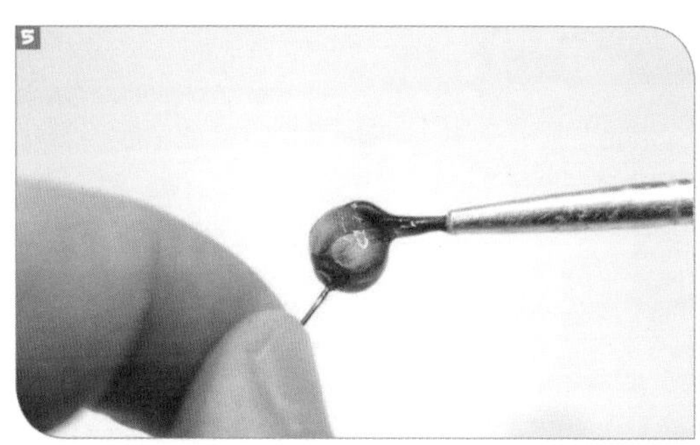

05

取出花苞，一只手捏着金线，另一只手在花苞周围挤入固化胶，用笔刷将整个花苞涂匀。注意花苞上的任何角落都不要留有空隙。

06

胶水涂好后将花苞插入海绵中固定好，放入固化灯中照射 4—8 分钟，让胶水完全固化。

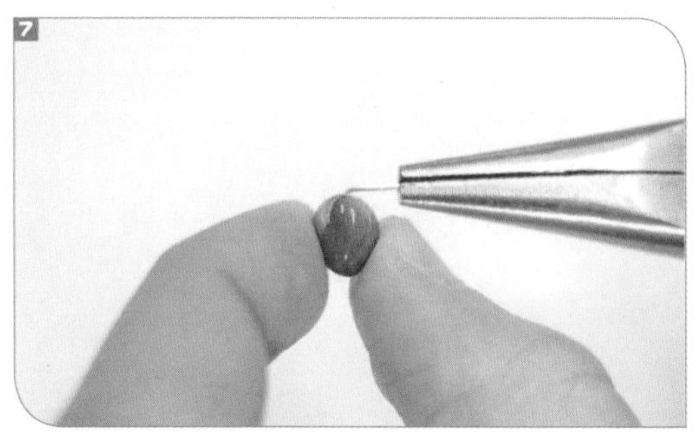

07

用平口钳把金线呈 90° 角弯曲，此时用的力度要适当，不要损坏金线与花苞连接处已经固化了的胶水。

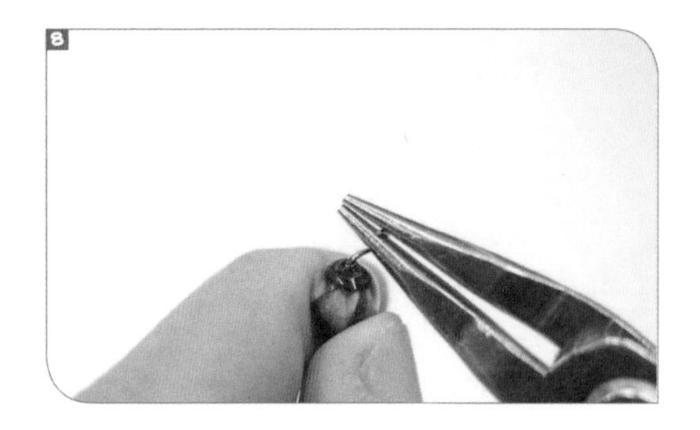

08

再用圆口钳将金线向反方向旋转绕成圆圈，直到闭合（同上个步骤一样，弯曲力度要适当），一朵带圈口的花苞制作完成。按照以上步骤再制作 2 朵相同的花苞。（若你喜欢，可多制作几朵花苞，每个人的《生机》耳饰都是独一无二的。）

09

取一个开口圈，用平口钳打开圈口，将耳链以及制作完成的三朵花苞挂入开口圈中，并闭合开口圈，一只《生机》耳饰制作完成。

10

如上述步骤重复操作一次制作另一只耳饰，作品制作完成。

II 《金枝玉叶》耳饰

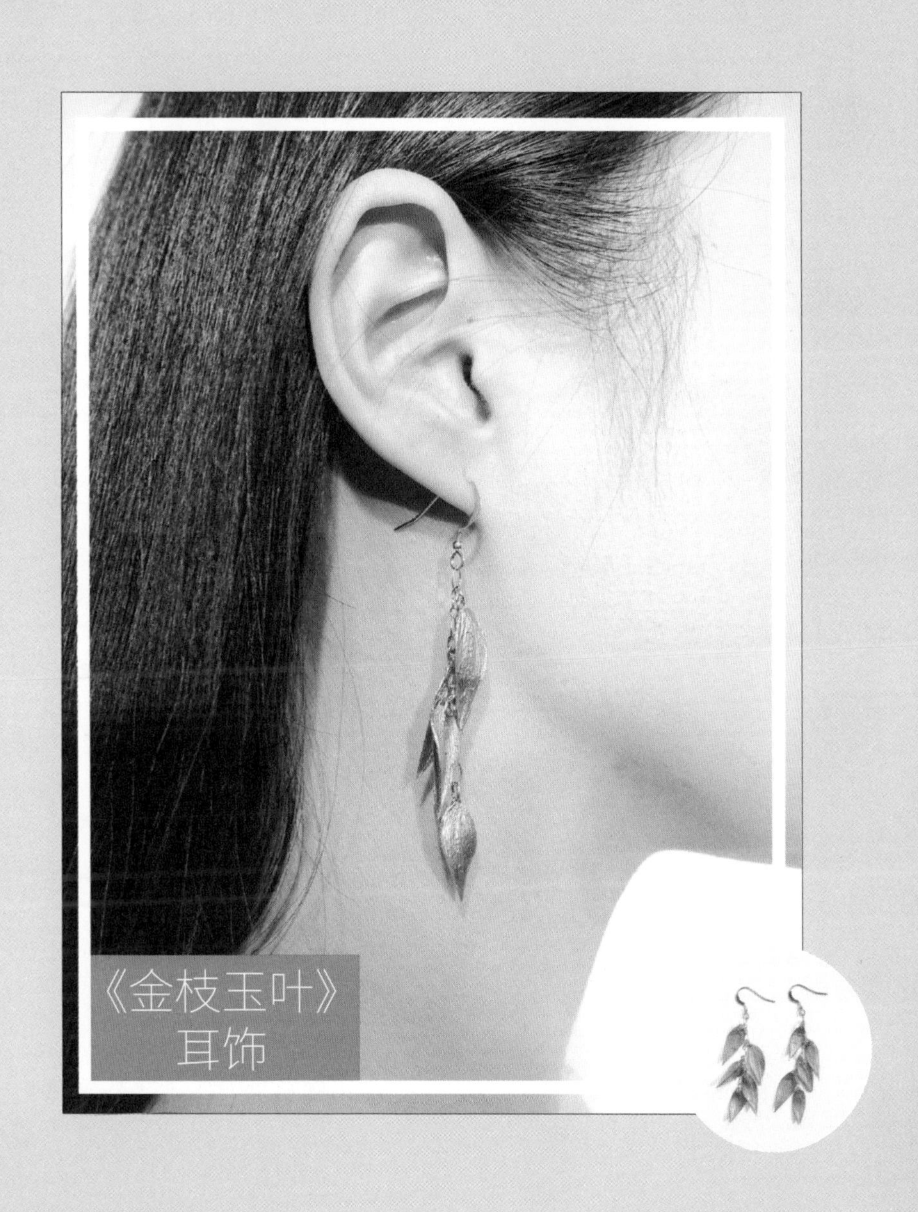

《金枝玉叶》耳饰材料包

- **工具：** 固化灯、剪刀、镊子、硅胶垫、开圈戒指、笔刷、平口钳
- **配件：** 耳钩、散链、开口圈
- **材料：** 固化胶、金叶子

01

选取一片金叶子，用剪刀把叶子锋利的尖角部分修剪平滑，然后放置在硅胶垫上。

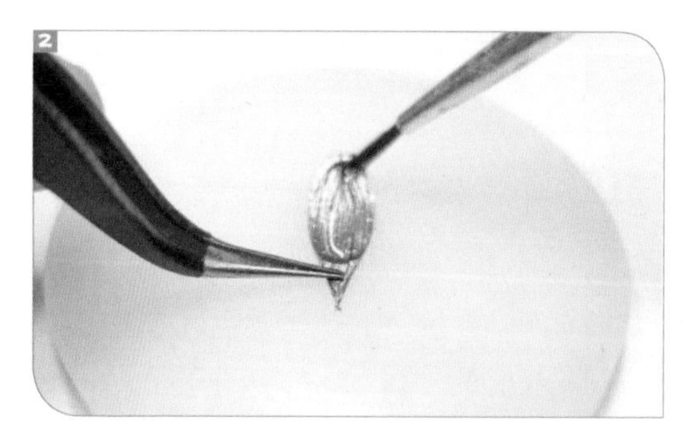

02

在叶子上挤入胶水，如图所示，用镊子轻轻按住叶子，再用笔刷均匀推开固化胶并涂满叶子。

03

胶水涂好后，将开口圈一半放置在叶子上，一半悬空，再用笔刷轻推叶子上的胶水，让胶水包裹住接触叶子部分的开口圈即可。

04

将叶子放入固化灯中照射 4—8 分钟，让胶水完全固化。

05

取出叶子将其翻转，在另一面挤入胶水，用笔刷将胶水涂匀后放入固化灯中照射使其完全固化，一片叶子制作完成。重复上述步骤再做四片叶子。

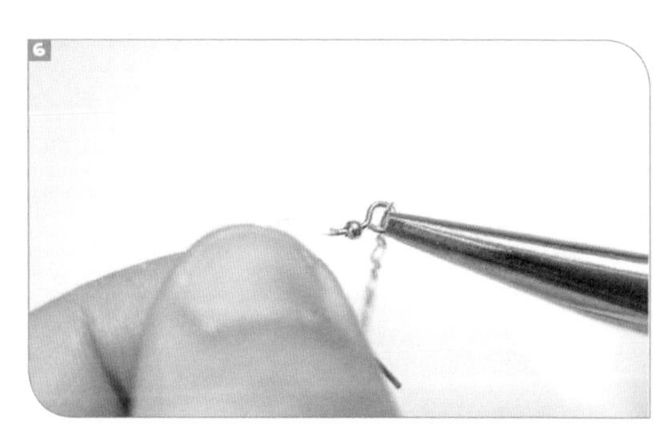

06

取一个耳钩和一条长度适中的散链，用平口钳打开耳钩尾部的开口圈，将散链挂入，并闭合耳钩开口圈。

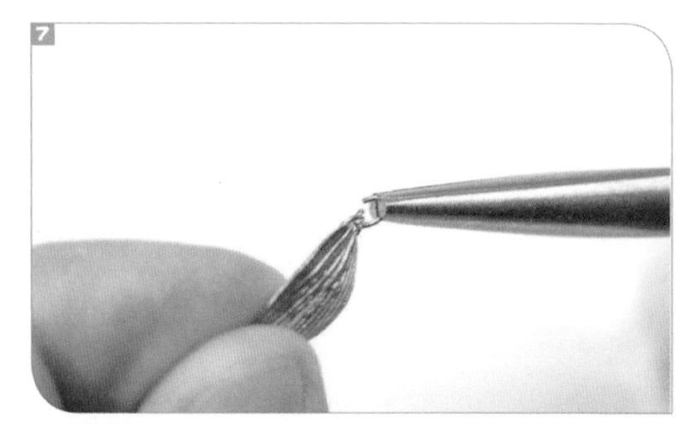

07

用平口钳打开一个新的开口圈，将叶子挂入新的开口圈。

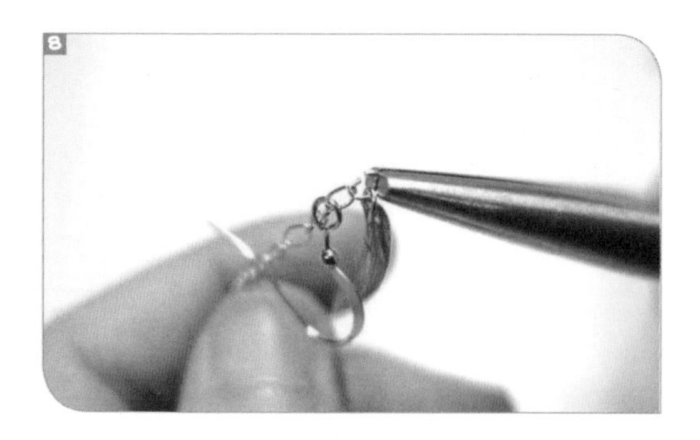

08

再将叶子的开口圈挂入散链。

小贴士　叶子挂入散链的位置也可根据个人设计挂入，每个人做出的《金枝玉叶》都可以是不一样的哦！

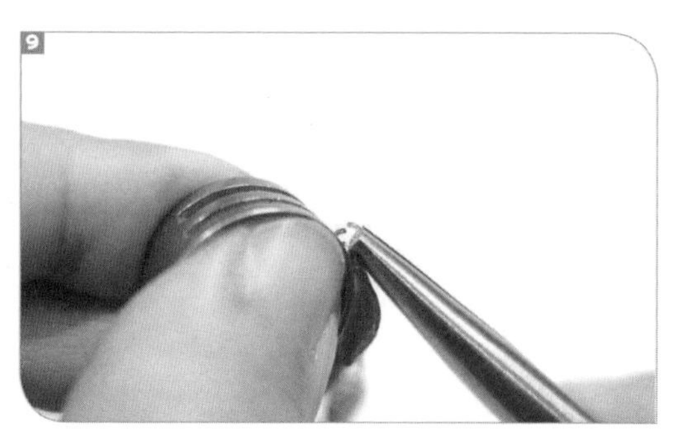

09

用平口钳配合开圈戒指闭合叶子上的开口圈，用同样的方法将其余四片叶子挂入散链，一只《金枝玉叶》耳饰制作完成。

10

如上述步骤重复操作一次制作另一只耳饰，作品制作完成。

12 | 《芃》耳饰

《芃》耳饰材料包

- **工具：** 固化灯、剪刀、镊子、模具、海绵、笔刷、圆口钳、平口钳
- **配件：** 金线、耳钩
- **材料：** 固化胶、金扇叶

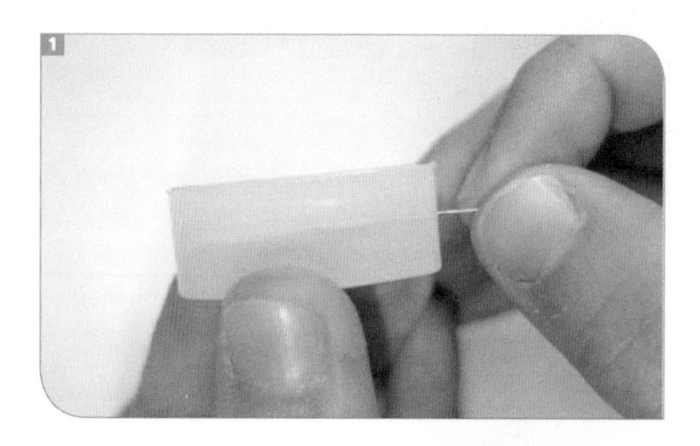

01

取一个干净的模具，在模具尖头部位插入长 3—5cm 的金线，金线位置约在内部孔柱的中间部位。

02

挤入约模具一半量的固化胶到模具中，用镊子把孔柱部分的气泡推出。

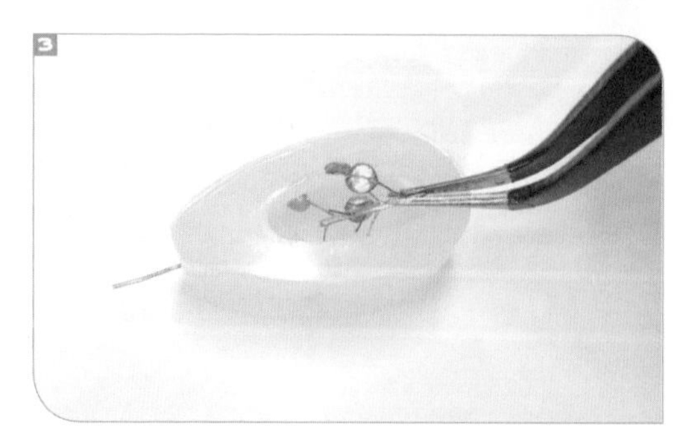

03

摘取适当大小的金扇叶，用镊子将其压入模具，注意金扇叶不要超出模具口。

04

将模具放入固化灯中照射 4—8 分钟，待胶水完全固化后取出模具。

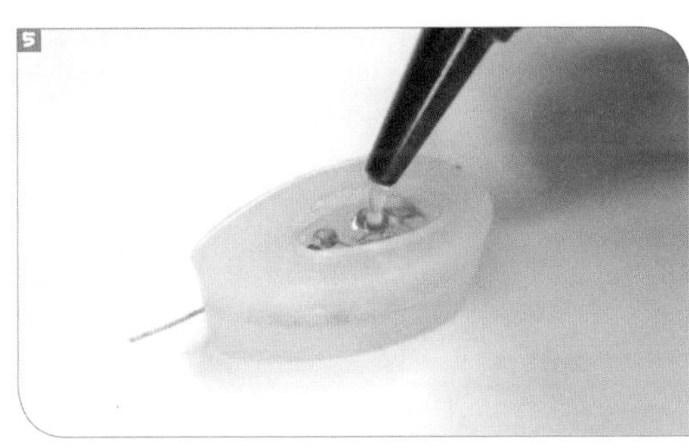

05

在模具中再次挤入固化胶将其填满，注意固化胶不要溢出模具底层封口。

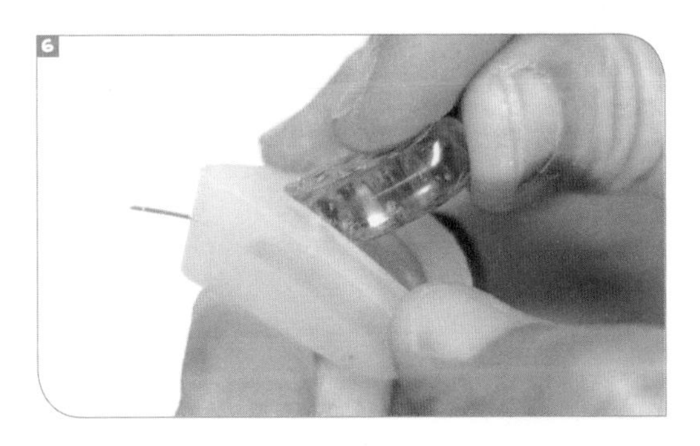

06

将模具再次放入固化灯中照射 4—8 分钟，让胶水完全固化。取出模具，如图所示，用力推模具尾部，并连金线一起拔出，脱模完成。

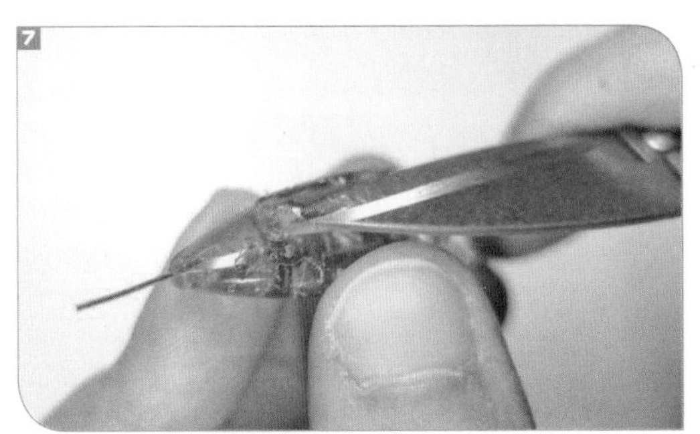

07

用剪刀剪去模型表面凸起的固化胶。

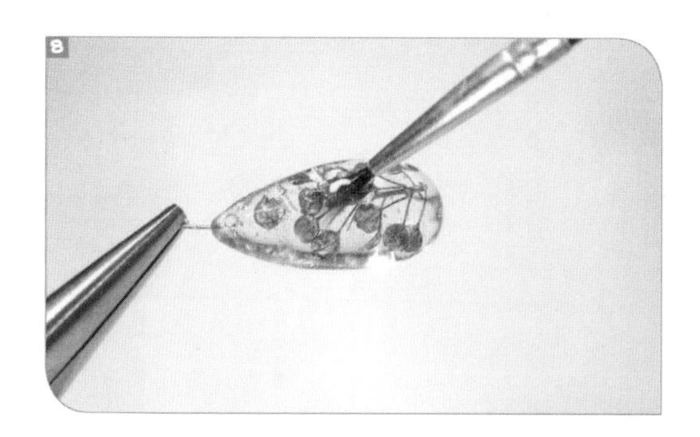

08

用镊子夹住金线，检查模型表面，把固化胶挤入模型表面凹凸不平部分将其填实，用笔刷涂匀边缘，涂好后将模型插入海绵中放入固化灯中照射 4—8 分钟，让胶水完全固化。

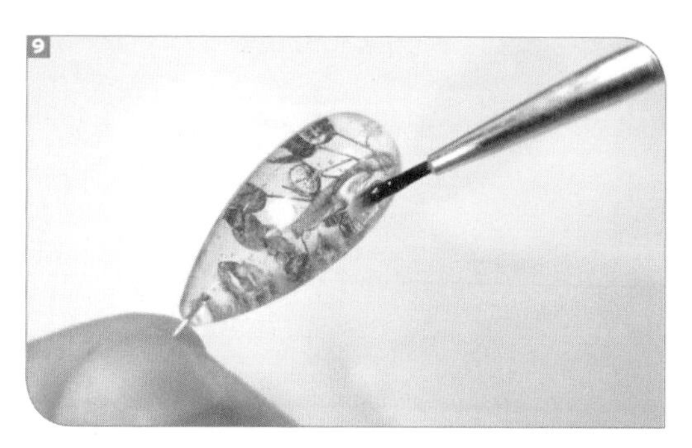

09

胶水固化后再次在模型表面挤入固化胶，用笔刷把整个模型上的固化胶涂均匀，涂好后把模型插入海绵中放入固化灯中照射 4—8 分钟，让表面胶水完全固化。

小贴士｜再次挤入固化胶的目的是让模型表面更加圆润光滑，增加美感。

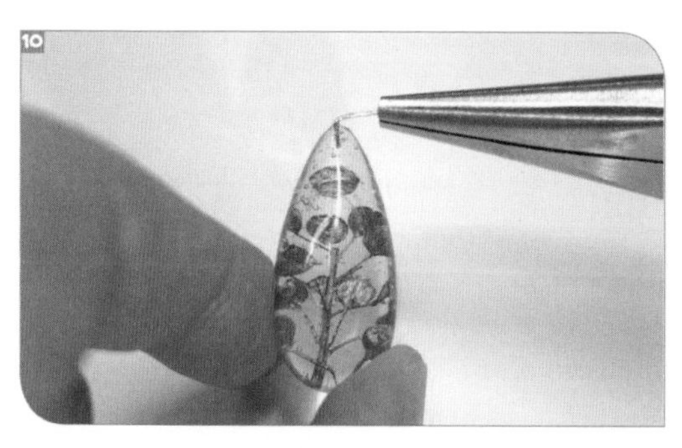

10

用平口钳把金线呈 90° 角弯曲。

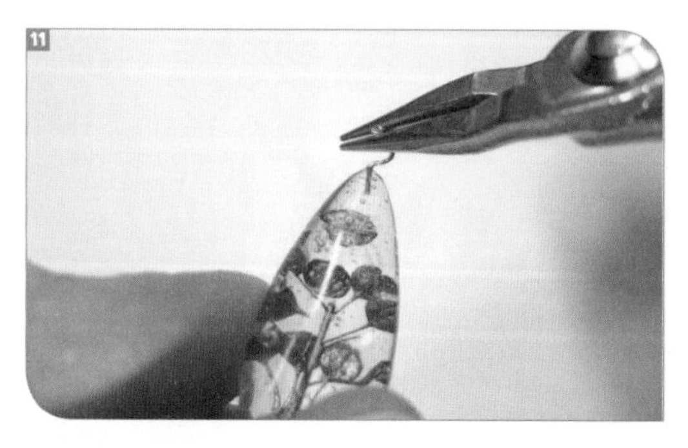

11

再用圆口钳将金线向反方向旋转绕成圆圈，直到闭合。

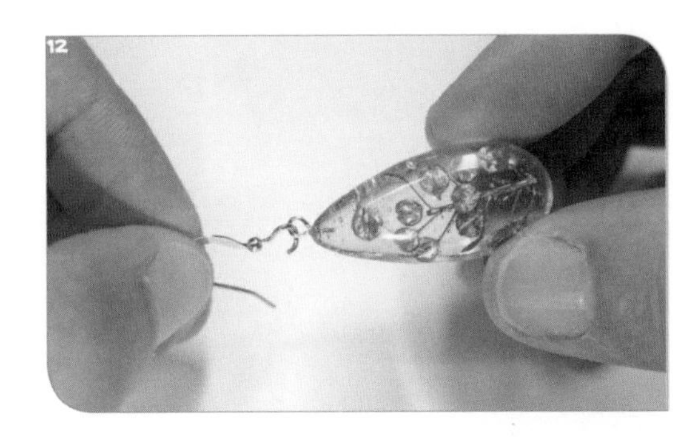

12

打开耳钩下方的开口圈，挂入模型并闭合，一只《芃》耳饰制作完成。

13

如上述步骤重复操作一次制作另一只耳饰，作品制作完成。

13 ｜《天生一对》耳饰

《天生一对》耳饰材料包

- **工具：** 固化灯、剪刀、镊子、平口钳、笔刷
- **配件：** 耳钩、开口圈、连接花片
- **材料：** 固化胶、金叶脉

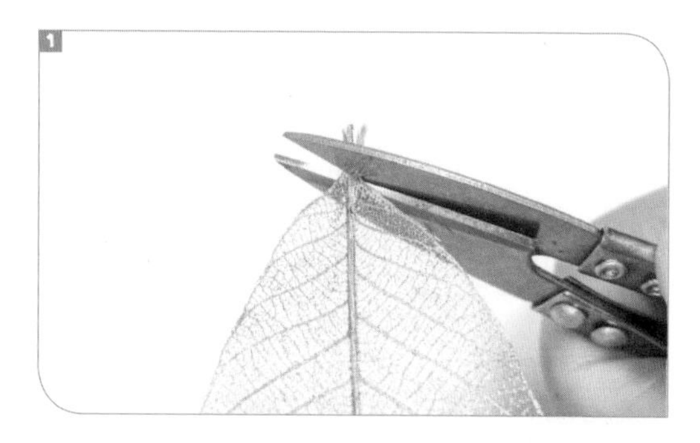

01

选取一片金叶脉，将叶脉边缘尖锐部分剪去。

02

将叶脉卷成喇叭筒形。

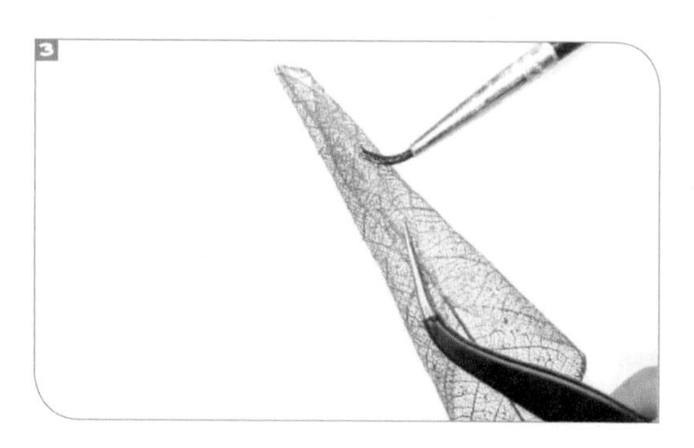

03

卷好后用镊子夹住叶脉重叠的部分，用笔刷在重叠处涂上固化胶。

04

涂好后用镊子夹着叶脉放入固化灯中照射 1 分钟，使叶脉重叠部分的固化胶初步凝固，不会分离即可。

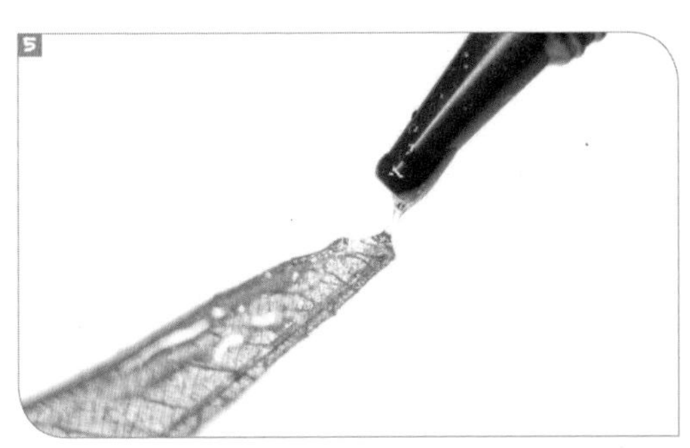

05

在叶脉如图所示位置挤入少量胶水。

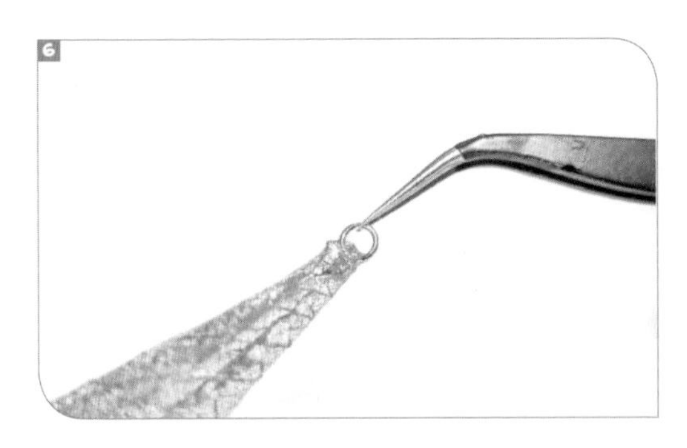

06

把开口圈一半放置在叶脉上，一半悬空。用笔刷轻推固化胶，使其包裹住接触叶脉部分的开口圈。涂好后将其放入固化灯中照射 1 分钟，使胶水初步凝固。

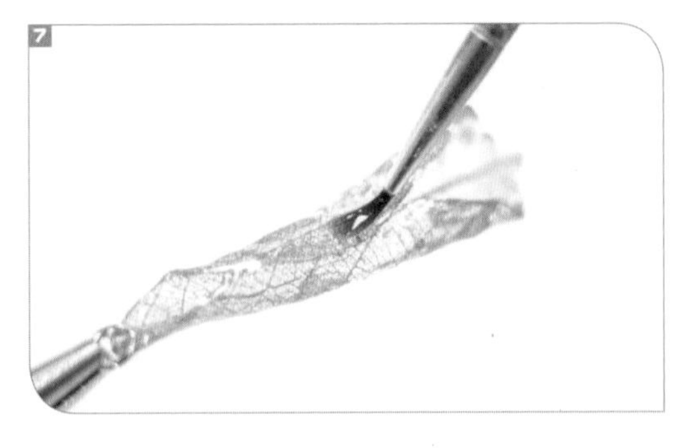

07

用平口钳夹住开口圈，在叶脉上挤入固化胶，用笔刷将叶脉内外涂匀。

注意 用笔刷涂胶水时力度要控制好，因为开口圈与叶脉接触部分的胶水只是初步凝固，连接得不是很牢固。

08

涂好后用平口钳继续夹着开口圈，放入固化灯中照射 4—8 分钟，待胶水充分固化后取出叶脉。

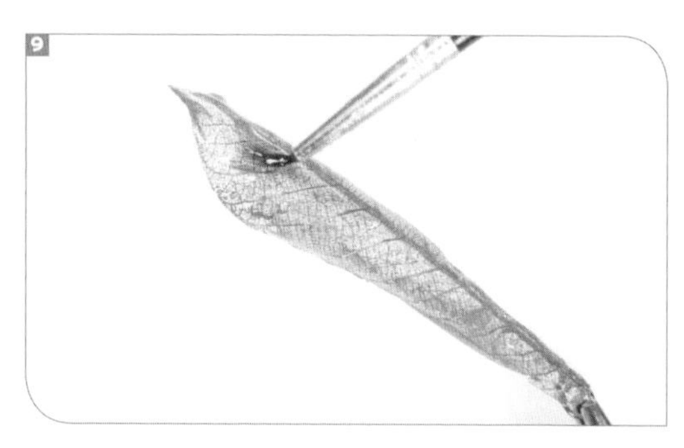

09

在叶脉上再次挤入固化胶，用笔刷将叶脉内外涂匀并放入固化灯中照射 4—8 分钟，让胶水充分固化。

10

取一个开口圈，用平口钳打开圈口，将连接花片和叶脉都挂入开口圈后闭合圈口。

11

取一个耳钩，用平口钳打开耳钩尾部开口圈，挂入连接花片并闭合，一只《天生一对》耳饰制作完成。

12

如上述步骤重复操作一次制作另一只耳饰，作品制作完成。

14 | 《暮夏》项链

《暮夏》项链材料包

- **工具：** 固化灯、镊子、硅胶垫、笔刷
- **配件：** 开口圈、平底钻、小金珠、成品链
- **材料：** 固化胶、白晶菊

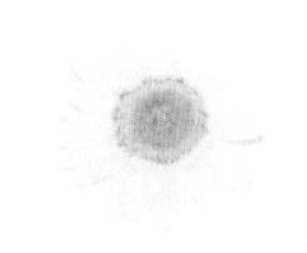

01

选取一朵经过脱水保色处理后的白晶菊，花蕊朝下放在硅胶垫上，在如图所示位置挤入固化胶。

02

用镊子轻轻按住花，用笔刷将胶水由内向外均匀涂开。

03

胶水涂好后将开口圈一半放在白晶菊的一个花瓣上，一半悬空，用笔刷轻推胶水，让胶水包裹住接触白晶菊部分的开口圈。

04

将白晶菊放入固化灯中照射4—8分钟，使白晶菊表面胶水充分固化。

05

取出白晶菊，将其翻转，挤入固化胶，用笔刷均匀推开，直至涂满整朵白晶菊。

06

将平底钻放在花蕊上。

07

再把小金珠围绕平底钻铺满一圈。

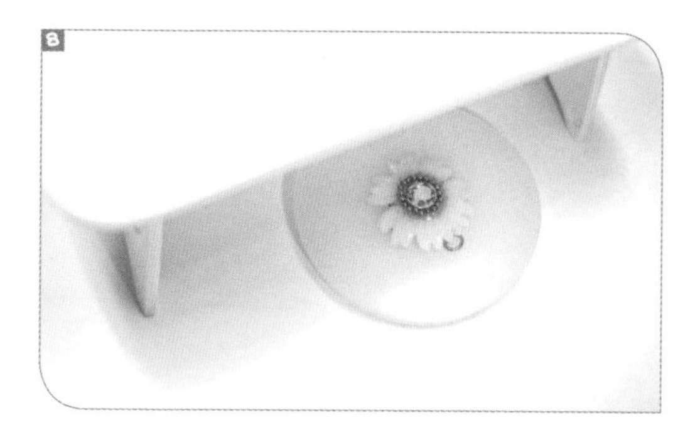

08

配件都放好后放入固化灯中照射 4—8 分钟，待胶水完全固化后取出。

09

将成品链穿过白晶菊上的开口圈。

10

一条《暮夏》项链制作完成。

15 | 《在水一方》耳饰

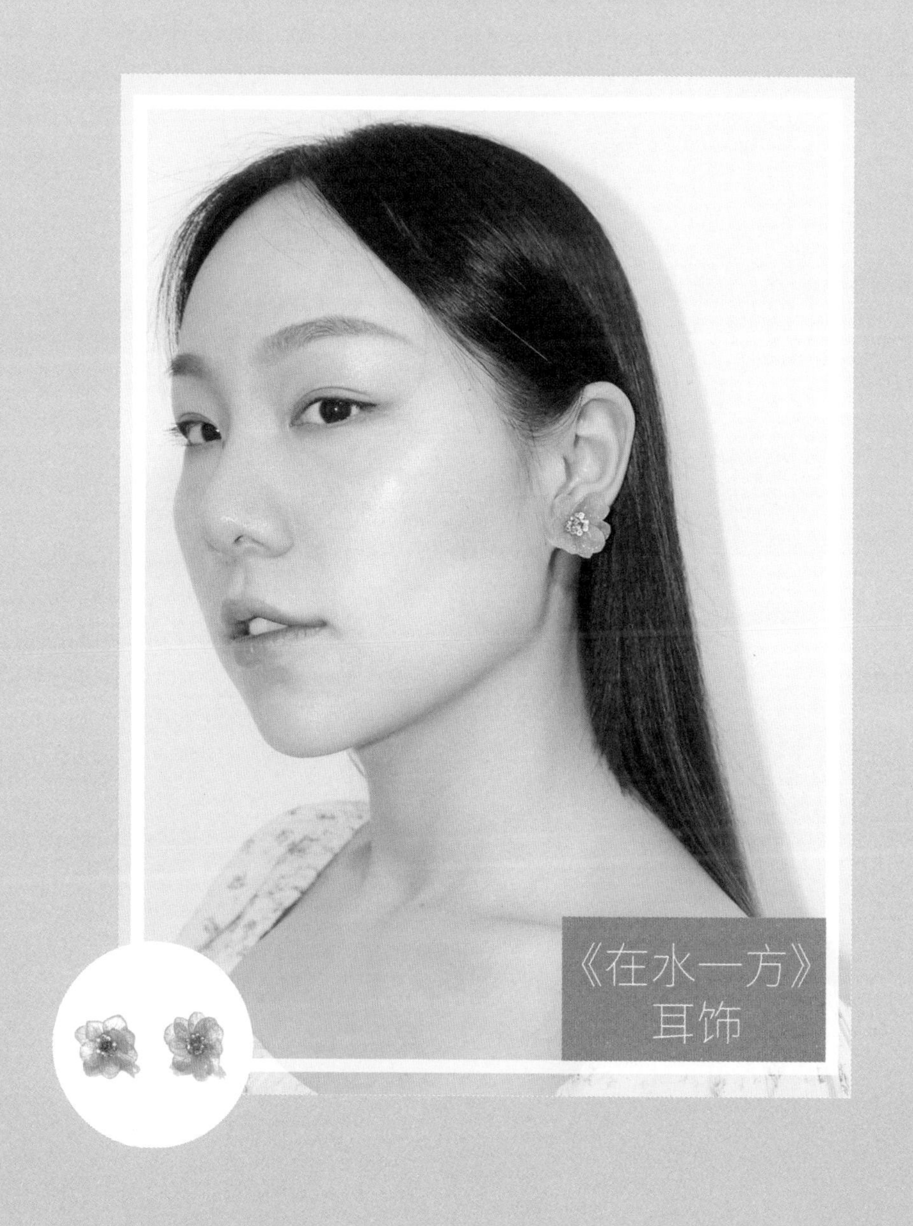

《在水一方》耳饰材料包

- **工具：** 固化灯、剪刀、镊子、硅胶垫、海绵、笔刷
- **配件：** 耳针、平底钻、锆石、耳钉堵
- **材料：** 固化胶、绣球花

01

把耳针垂直插入海绵中，并在耳针托上挤入少量固化胶。

02

选取一朵绣球花，将其根部修剪平整，花蕊朝上放到耳针托上。

03

将海绵放入固化灯中照射 1 分钟，使花和耳针初步粘连，照射结束后取出海绵。

04

再取一朵绣球花修剪根部，在第一朵花的花蕊上挤入少量胶水，把第二朵花粘到第一朵花的花蕊上，随后将耳针插入海绵中再次放入固化灯中照射 1 分钟，使胶水初步凝固。

05

照射结束后，一只手捏着耳针，另一只手在花瓣上挤入固化胶，用笔刷均匀推开，直至所有花瓣涂满固化胶。

06

将平底钻和锆石点缀于花蕊部位。

07

将点缀好的花朵插入海绵中放入固化灯中照射 4—8 分钟，待胶水完全固化后取出海绵。

08

一只手捏着耳针，花蕊朝下，挤入固化胶，如图所示用笔刷均匀推开胶水直至涂满上下两朵花。耳针周围可厚涂胶水，这样可使耳针固定更牢固，在佩戴过程中不容易脱落。

09

胶水涂好后，将耳针朝上放在硅胶垫上，放入固化灯中照射 4—8 分钟，让胶水完全固化，一只《在水一方》耳饰制作完成。

10

如上述步骤重复操作一次制作另一只耳饰，作品制作完成。

16 | 《胜利》胸针

《胜利》
胸针

《胜利》胸针材料包

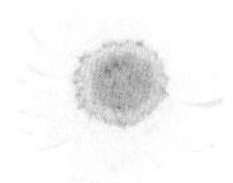

- **工具：** 固化灯、剪刀、镊子、硅胶垫、笔刷、平口钳、圆口钳
- **配件：** 开口圈、散链、胸针、9 字针、流苏帽、珍珠
- **材料：** 固化胶、白晶菊

01

选取一朵经过脱水保色处理后的白晶菊，花蕊朝上放在硅胶垫上，在其表面挤上胶水。

02

用镊子轻轻按住花蕊，接着用笔刷将胶水由内向外均匀推开。

03

胶水涂好后将白晶菊放入固化灯中照射 4—8 分钟，让胶水完全固化。

04

取出白晶菊，将其翻转放在硅胶垫上，在花的另一面挤入胶水，并用笔刷均匀涂开。

05

胶水涂好后用镊子将胸针放到白晶菊的花蕊上，再取一个开口圈，将其一半放在花瓣上，一半悬空。

06

用镊子轻轻按住胸针，防止其移动，用笔刷轻推胶水，让胶水包裹住接触白晶菊部分的胸针和开口圈。涂好后将其放入固化灯中照射 4—8 分钟，待胶水完全固化后，将硅胶垫和白晶菊移至旁边。

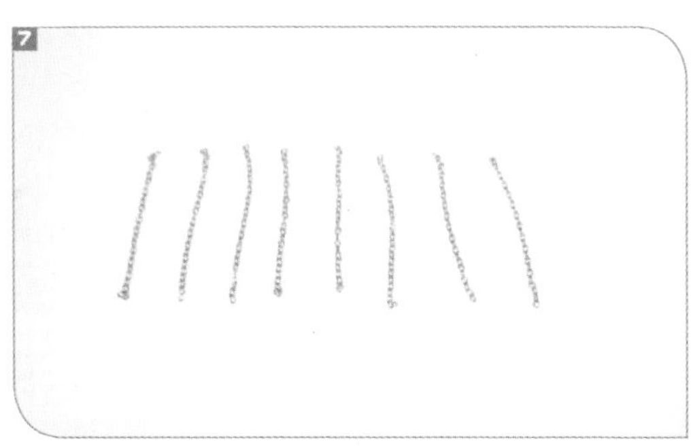

07

用剪刀将散链剪成等长的 8 条链子。

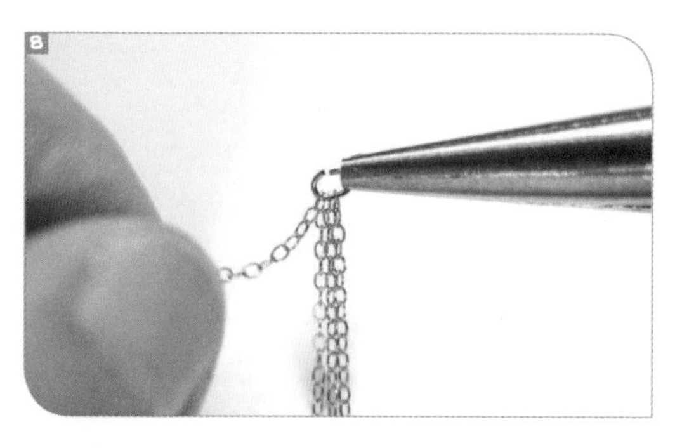

08

再用2个开口圈分别将剪好的链子穿成2组流苏（每组流苏的链子数量可相同，也可不同，这可根据自己的喜好制作），并闭合开口圈。

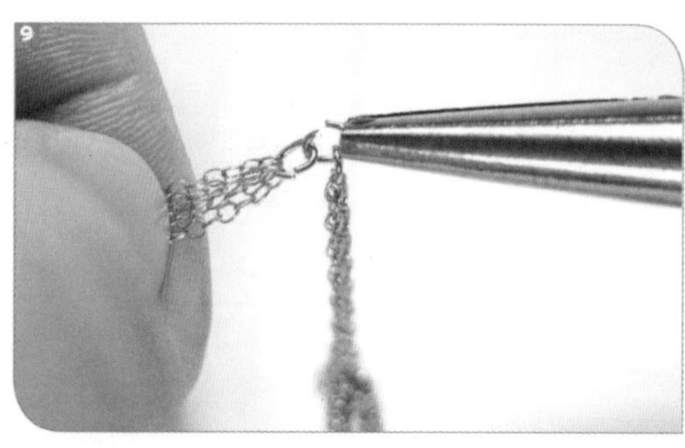

09

用平口钳再打开一个开口圈，将2组流苏都挂入并闭合开口圈。

10

取出一个9字针，将刚刚做好的两组流苏挂入9字针圈内并用平口钳将其闭合。

11

把流苏帽、珍珠按如图所示顺序分别穿入9字针，在珍珠孔处用平口钳把9字针金线呈90°角弯曲。

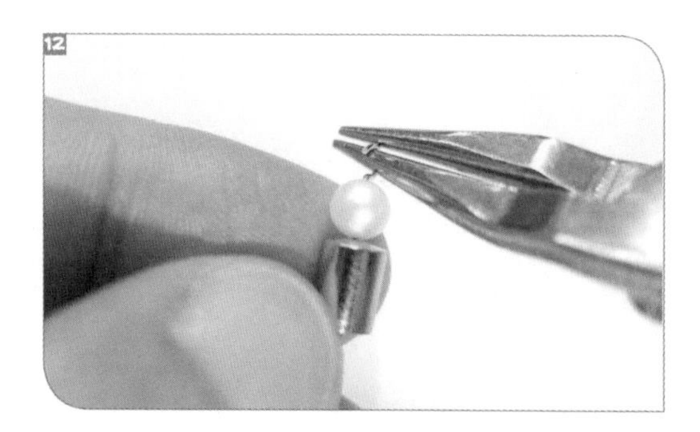

12

再用圆口钳朝反方向旋转绕成圆圈。

13

把做好的白晶菊挂入流苏上方的圈口，再用平口钳闭合圈口。

14

一个《胜利》胸针制作完成。

17 | 《灼灼其华》手链

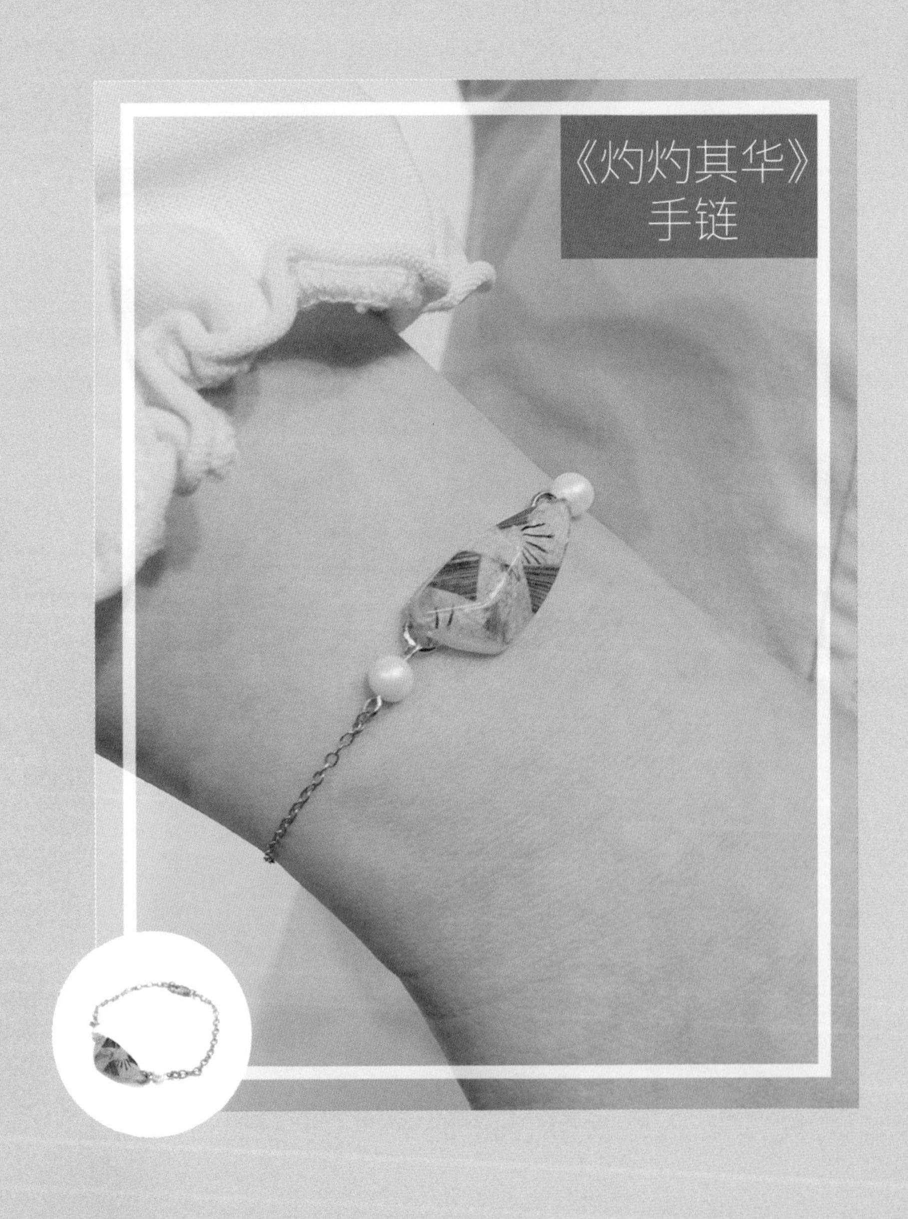

《灼灼其华》手链材料包

- **工具：** 固化灯、剪刀、镊子、模具、平口钳、圆口钳、笔刷
- **配件：** 9字针、珍珠、开口圈、散链、龙虾扣、连接片
- **材料：** 固化胶、花瓣

01

准备一个干净的模具，在其内挤入少量固化胶。

02

用笔刷均匀推开胶水，让其平铺在整个模具内部。

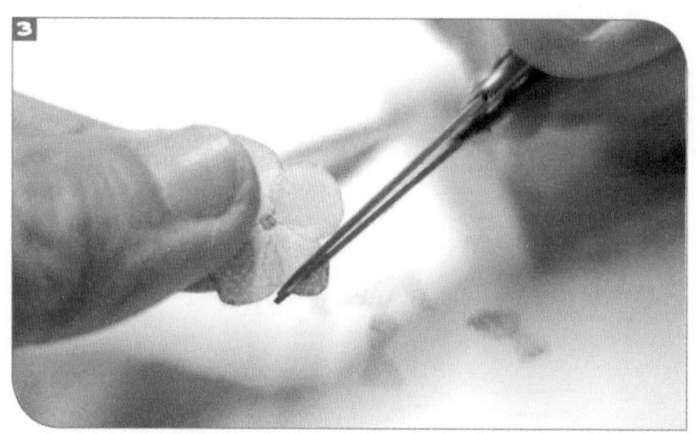

03

用剪刀把花瓣剪裁成不规则形状。

04

把剪裁好的花瓣平铺在模具内的固化胶上。

05

花瓣放好后将模具移入固化灯中照射1分钟，让胶水初步凝固。

06

取出模具，再次挤入固化胶将其填满。注意固化胶不要溢出模具，然后用笔刷均匀推开胶水。

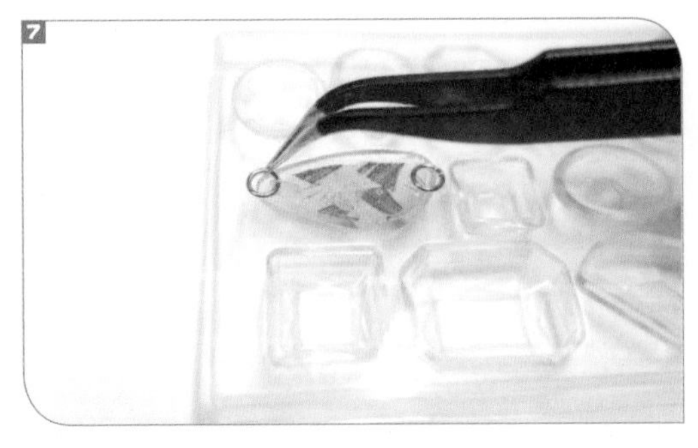

07

将两个开口圈分别放在模型两端，即开口圈一半放在模具内模型上，一半放在模具上。

08

用笔刷轻推胶水，让胶水包裹住接触模型部分的开口圈。

09

将模具放入固化灯中照射 4—8 分钟，待胶水完全固化后取出模具。

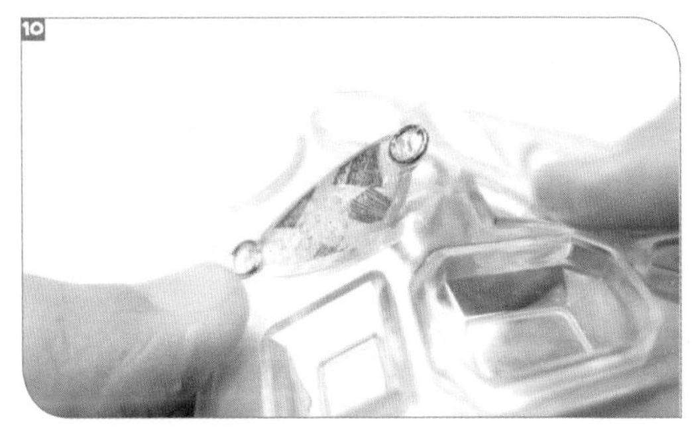

10

用手轻推模具底部，模型脱模，脱模后先把模型放在一边。

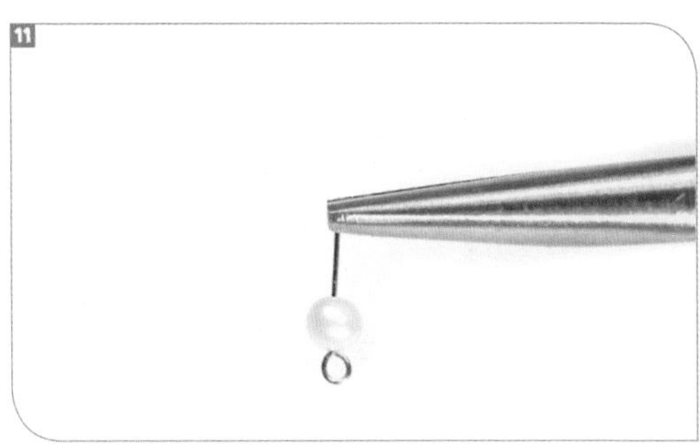

11

取出一个 9 字针和一颗珍珠，把珍珠穿进 9 字针内。

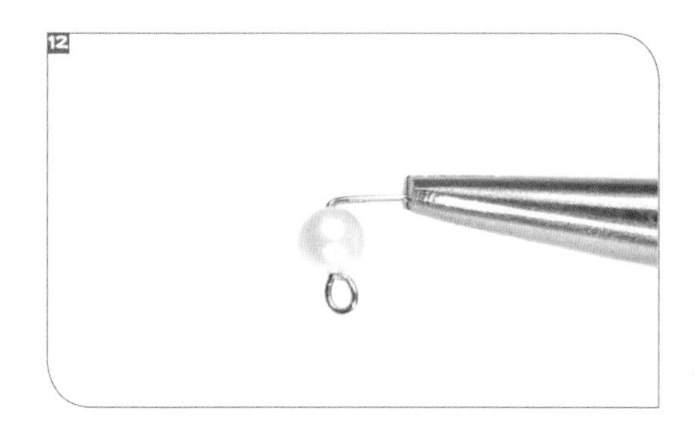

12

用平口钳把 9 字针金线呈 90° 角弯曲。

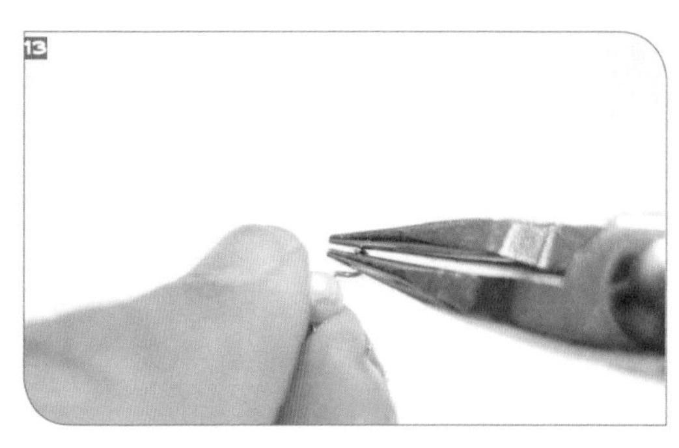

13

再用圆口钳朝反方向旋转绕成圆圈，直至闭合，做成一个串珠“8”字连接圈。

14

按照上述相同的方法，制作第二个串珠“8”字连接圈。

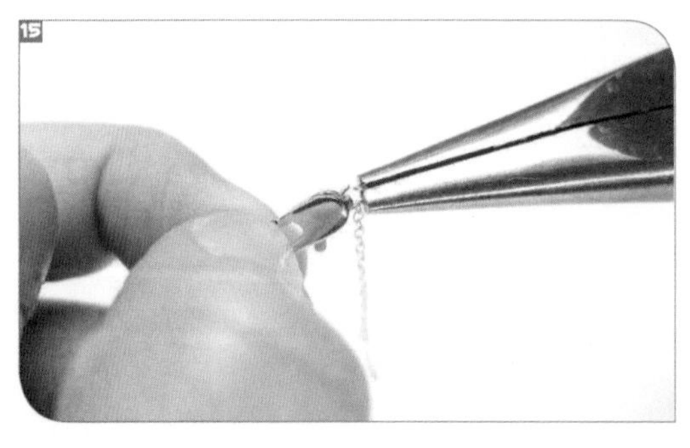

15

选择一条散链，用剪刀根据各自手围进行剪裁，散链剪裁好后在其首尾两端分别用开口圈挂上龙虾扣和连接片。

注意　选取散链长度时要把模型和串珠“8”字连接圈的长度考虑进去。

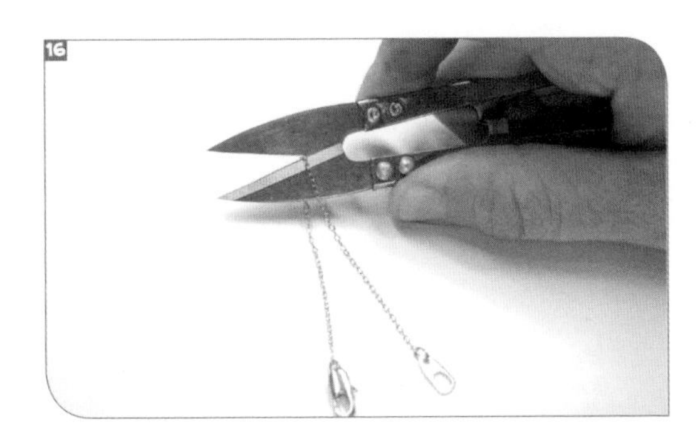

16

再用剪刀从散链中间剪开。

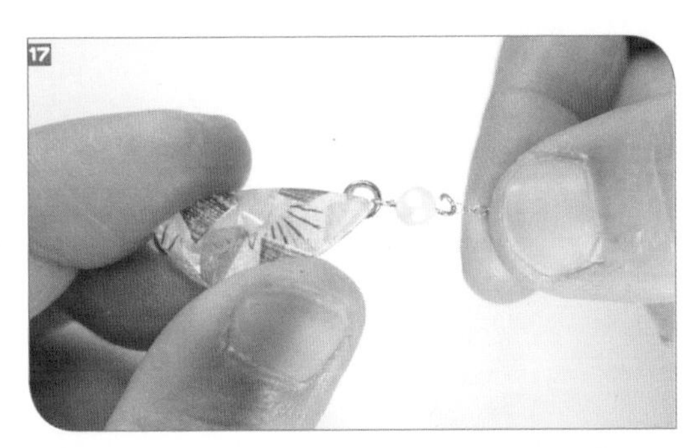

17

打开串珠“8”字连接圈一端的圈口，挂入模型上的开口圈并用平口钳闭合，连接圈另一端则挂入散链。

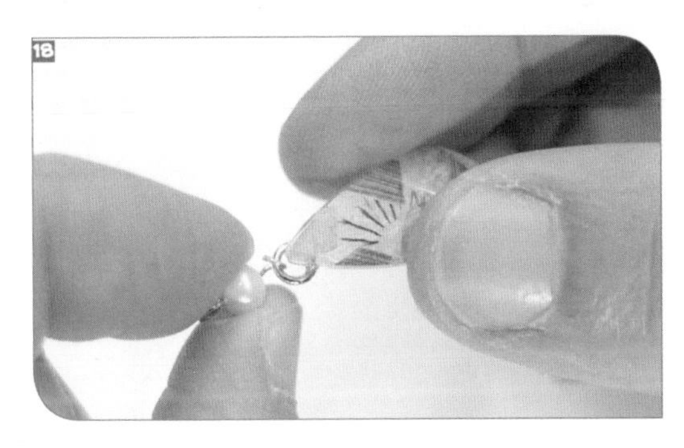

18

再用同样的方法连接好模型另一端的“8”字连接圈和散链。

19

一条《灼灼其华》手链制作完成。

18 《相濡以沫》耳饰

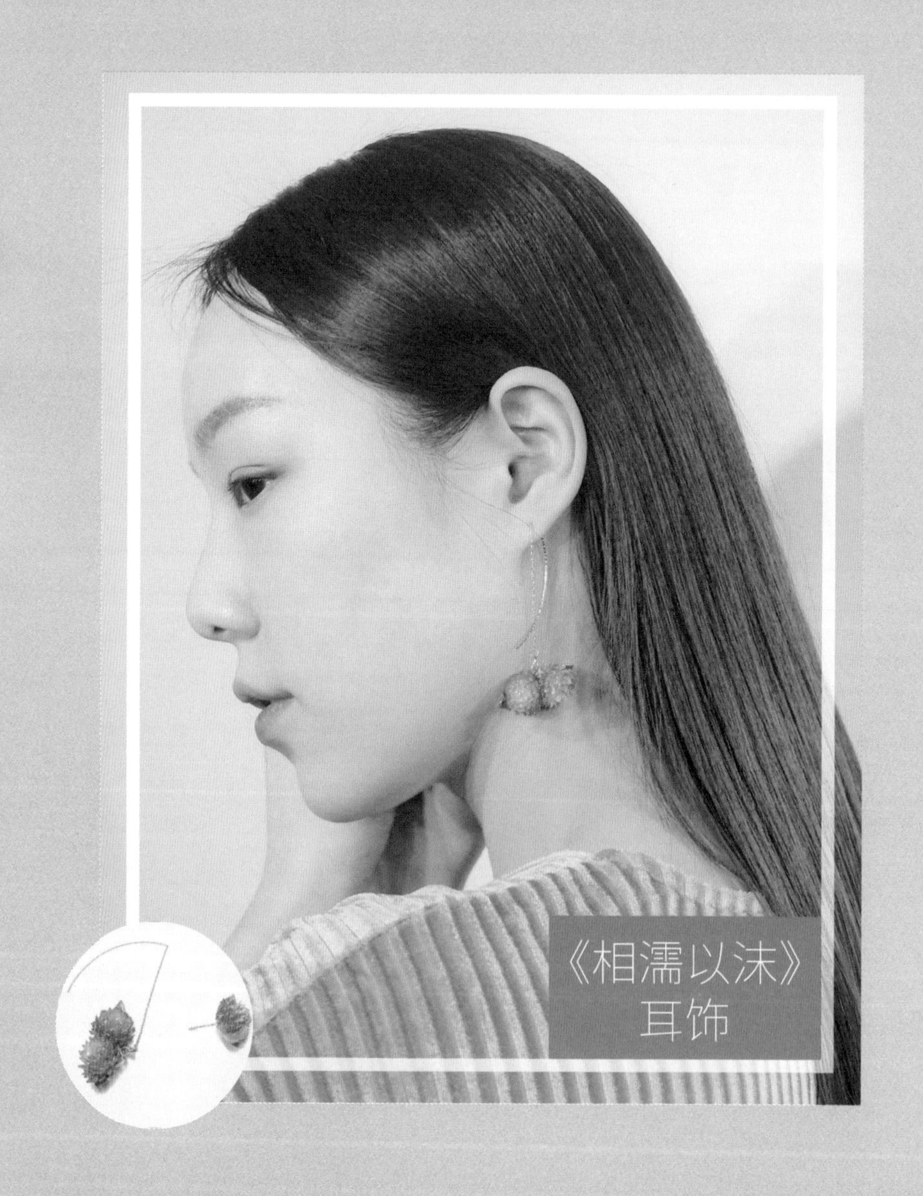

《相濡以沫》耳饰材料包

- **工具：** 固化灯、剪刀、镊子、硅胶垫、海绵、笔刷、平口钳
- **配件：** 耳针、耳钉堵、耳链、开口圈、9 字针
- **材料：** 固化胶、千日红

01

选取一朵经过脱水保色处理后的千日红，用剪刀修剪较尖锐的萼片并剪去花托。

02

在花托处挤入少量的固化胶。

03

用镊子夹着耳针紧粘在花托处。

04

耳针固定好后，用镊子夹着千日红，放入固化灯中照射 1 分钟，使花和耳针的连接处初步粘连。

05

照射结束后，在花朵上挤入固化胶，用笔刷均匀推开胶水，直至把花朵涂满。

06

涂好后将花朵插入海绵中固定好，放入固化灯中照射 4—8 分钟，待胶水完全固化后取出花朵。

07

一只手捏着耳针，花蕊朝下，另一只手挤入固化胶，并用笔刷将花托与萼片上的胶水涂匀。耳针与花的连接处应多涂一些胶水，目的是让耳针粘连更牢固。

08

胶水涂好后，把耳针朝上放在硅胶垫上移入固化灯中照射 4—8 分钟。待胶水完全固化后一只《相濡以沫》耳饰完成。

09

取出两朵处理好的千日红，找到合适的黏合位置，并用手轻捏着它们，以防它们分开。

10

在黏合位置挤入固化胶，并用笔刷涂匀。

11

涂好后，放入固化灯中照射 1 分钟，使两朵花初步粘连。

12

在两朵花侧面缝隙处挤入胶水，用笔刷均匀推开。

13

取一个 9 字针，将其竖直插入两朵花之间的缝隙中。

14

用镊子夹住花放入固化灯中照射 1 分钟，使其初步粘连。

15

照射结束后在两朵花上挤入固化胶，用笔刷均匀推开，直到涂满两朵花。涂好胶水后，将其放入固化灯中照射 4—8 分钟，待胶水完全固化后取出。

16

用镊子夹住 9 字针圈口，将花翻转，在如图所示位置挤入固化胶，用笔刷涂匀后放入固化灯中照射 4—8 分钟，待胶水完全固化后取出。

17

取一个开口圈，用平口钳打开圈口，分别挂入耳链和花并闭合开口圈。

18

一对《相濡以沫》耳饰制作完成。

19 | 《相濡以沫》手链

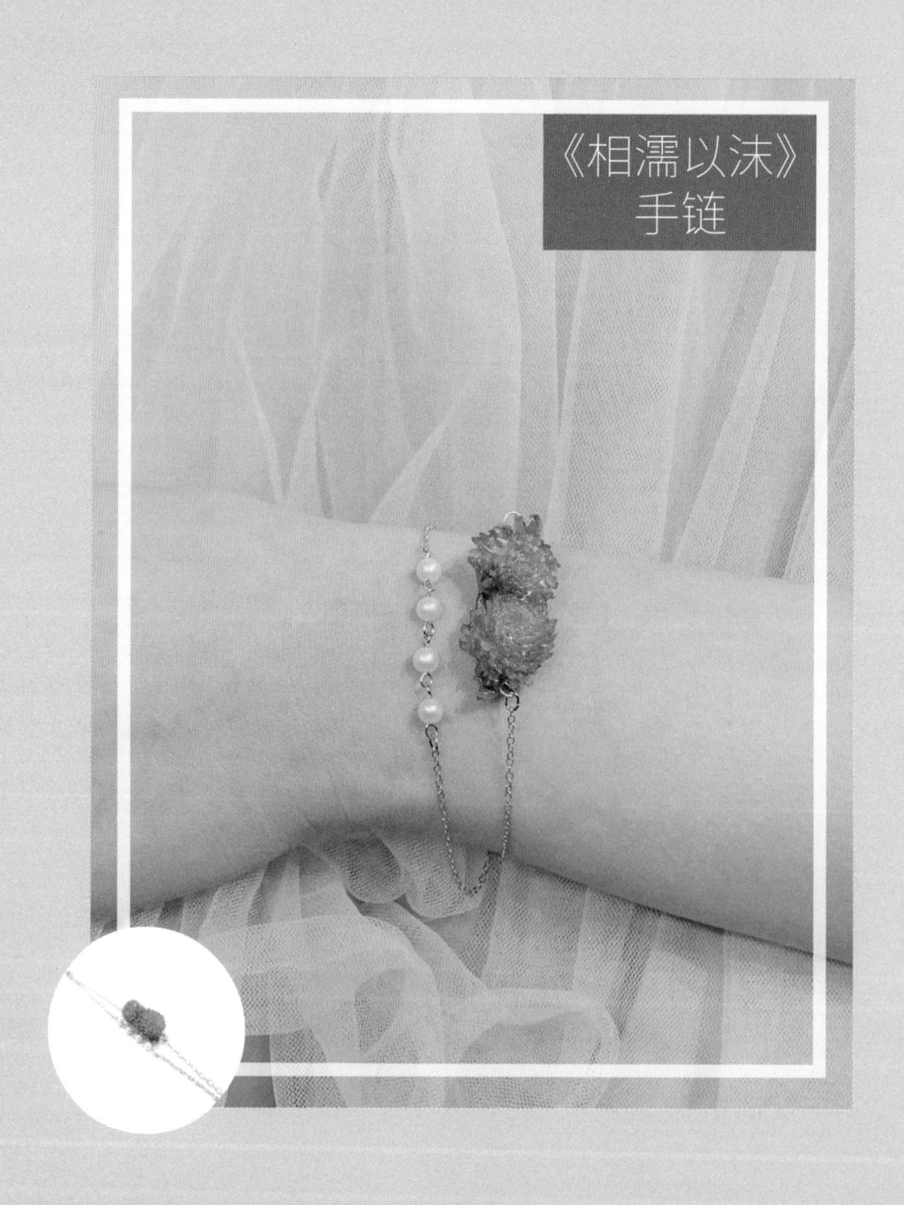

《相濡以沫》手链材料包

- **工具：** 固化灯、剪刀、镊子、硅胶垫、平口钳、笔刷、圆口钳
- **配件：** 9字针、珍珠、龙虾扣、连接片、散链
- **材料：** 固化胶、千日红

01

选取两朵经过脱水保色处理后的千日红，用剪刀修剪较尖锐的萼片。

02

找到两朵花合适的黏合位置，把它们紧靠在一起放在硅胶垫上，并用手捏着它们，以防它们分开。

03

在两朵花中间挤入固化胶，并用笔刷涂匀。

04

胶水涂好后，将其放入固化灯中照射 1 分钟，待两朵花初步粘连后取出。

05

分别在两朵花的侧面挤入固化胶，并用笔刷涂匀。

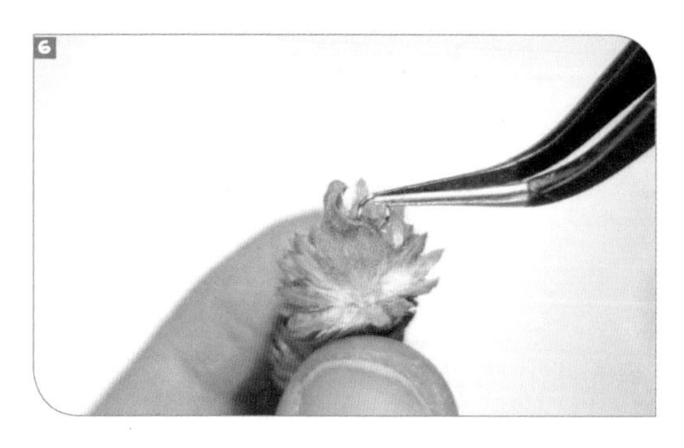

06

用剪刀把两个 9 字针剪短，如图所示，分别竖直插入两朵花外侧面。

07

用镊子夹着花朵，将其放入固化灯中照射 1 分钟，使 9 字针与花朵初步粘连后取出。

08

用平口钳夹住 9 字针，将花翻转，如图所示挤入固化胶，用笔刷涂匀整面后放入固化灯中照射 4—8 分钟，待胶水完全固化后取出。

09

用镊子夹着 9 字针的圈口，在花朵上挤入固化胶并涂匀，放入固化灯中照射 4—8 分钟，待胶水完全固化后先取出备用。

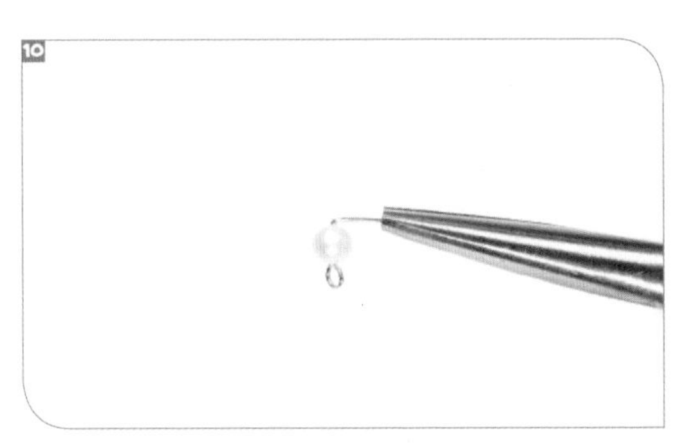

10

将珍珠穿入 9 字针内，用平口钳将 9 字针金线呈 90° 角弯曲。

11

再用圆口钳朝反方向旋转绕成圆圈，直至闭合，制成一个串珠“8”字连接圈。

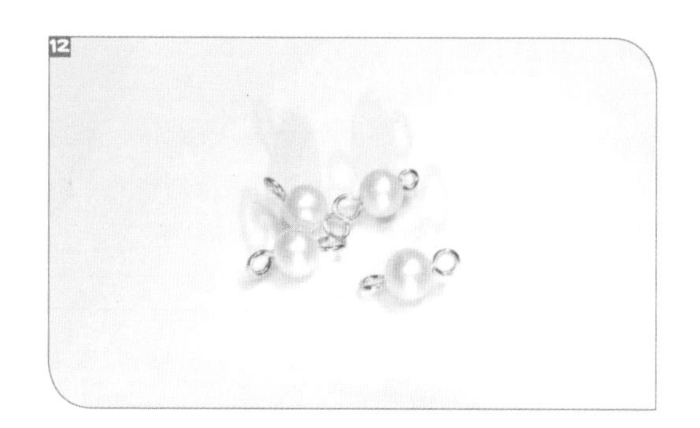

12

用上述方法制作完成4个串珠“8”字连接圈。

13

打开一个串珠“8”字连接圈的一端连接圈口，将两个串珠“8”字连接圈连接在一起并闭合圈口。用同样的方法把剩下2个串珠“8”字连接圈相接。

14

选取2条散链，测量好手围后用剪刀将2条散链剪开，剪成等长的4条链条。

注意　这是一条双圈手链，选取散链长度时要把花朵和4个串珠“8”字连接圈的长度考虑进去。

15

将剪好的2条链条分别用开口圈连接花两端的9字针。

16

再打开两个开口圈，分别将连接好的串珠“8”字连接圈两端挂入另外两条链条上，并闭合开口圈。

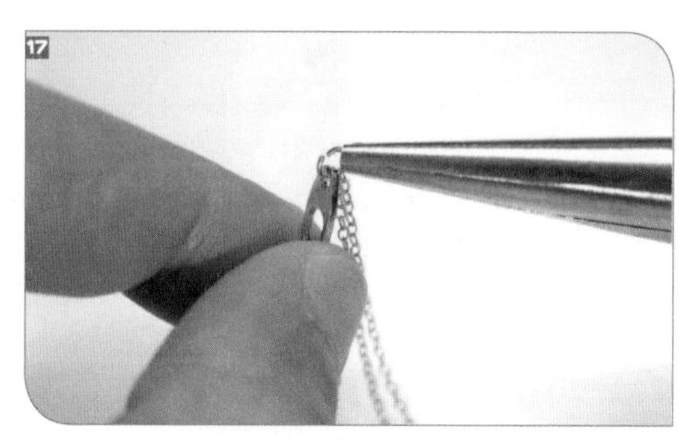

17

4 条链条都连接好后，用手腕试一试每两条链条的长度，若过长可在对应两条链条的两端对称地剪去一部分链条，然后对应两条链条的一端用开口圈连接龙虾扣和链条，另外一端用开口圈连接连接片和链条。

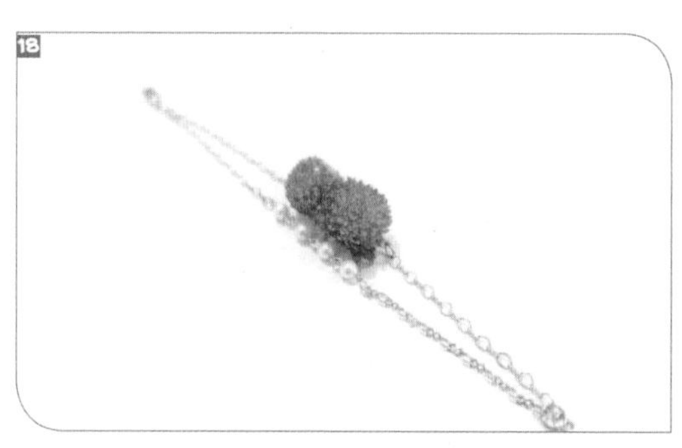

18

一条《相濡以沫》手链制作完成。

20 | 《情书》耳饰

《情书》耳饰材料包

- **工具：** 固化灯、剪刀、镊子、硅胶垫、海绵、笔刷、圆口钳、平口钳
- **配件：** T形针、吊帽、月光石、耳钩、散链、开口圈
- **材料：** 固化胶、风铃果

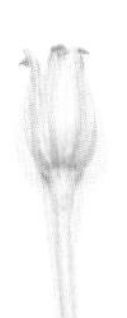

01

选取一朵经过脱水保色处理的风铃果，用剪刀把尖锐的花瓣修剪掉，再剪去一部分花柄。

02

风铃果修剪好后，把固化胶挤到花蕊上，用笔刷在花蕊周围反复刷匀。

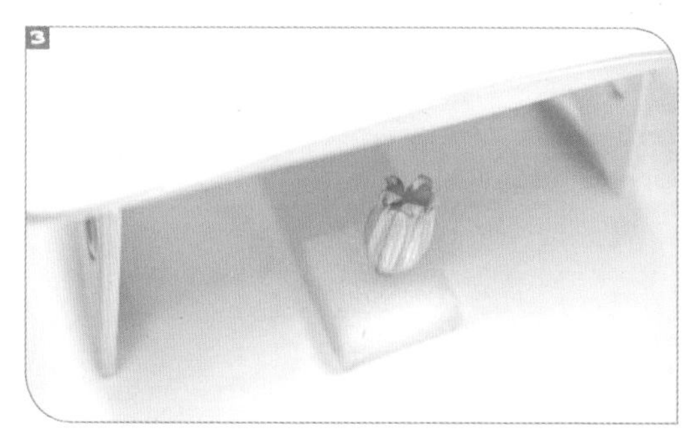

03

胶水涂完后将其插入海绵中固定好，放入固化灯中照射 4—8 分钟，待胶水完全固化后取出。

04

在花瓣外圈挤入固化胶，用笔刷均匀推开，涂到花托以下约 2mm 位置处。花瓣涂好后插入海绵中固定好，放入固化灯中照射 4—8 分钟，待胶水完全固化后取出。

05

把花柄修剪干净，将镊子扎进花托并旋转，使其呈空心状。

06

在花托上挤入少量固化胶，用镊子把吊帽插入花托内，轻轻按压吊帽，待吊帽平稳后，将花朵再次放入固化灯中照射 4—8 分钟使胶水完全固化。

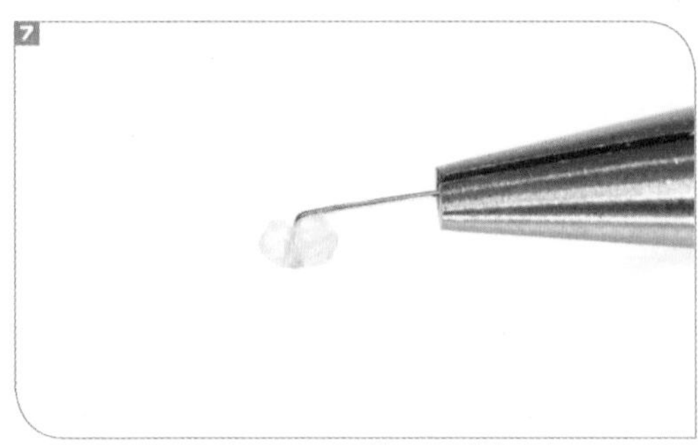

07

取一个 T 形针，将月光石穿入 T 形针内，用平口钳将 T 形针金线呈 90° 角弯曲。

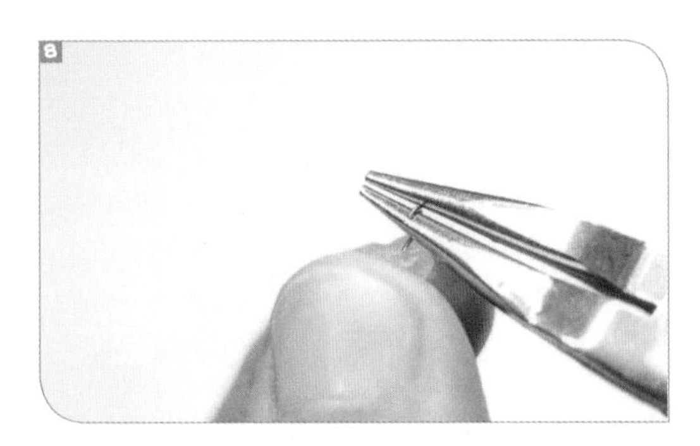

08

再用圆口钳朝反方向旋转绕成圆圈，直至闭合，一个串珠连接圈制作完成。用同样的方法再制作 4 个串珠连接圈。

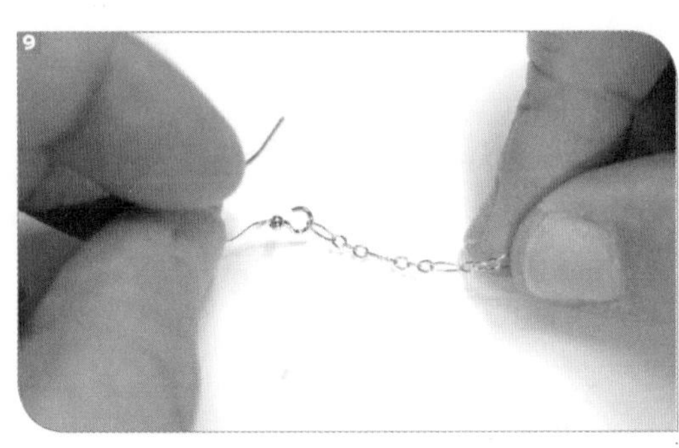

09

取一个耳钩和一条长度合适的散链作为耳链，用平口钳将耳钩尾部的开口圈打开，挂入散链并闭合。

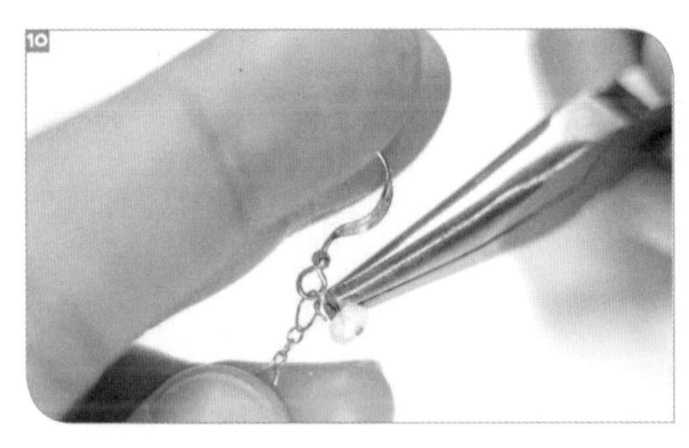

10

打开串珠连接圈开口圈，挂入散链并闭合。剩余 4 个串珠连接圈同样挂在散链上。

小贴士

串珠连接圈挂入散链的位置可由个人设计决定，每个人都可制作属于自己的作品。

11

再用一个开口圈连接链条尾部与花。一只《情书》耳饰制作完成。

12

如上述步骤重复操作一次制作另一只耳饰，作品制作完成。

21 |《一链知春》手链

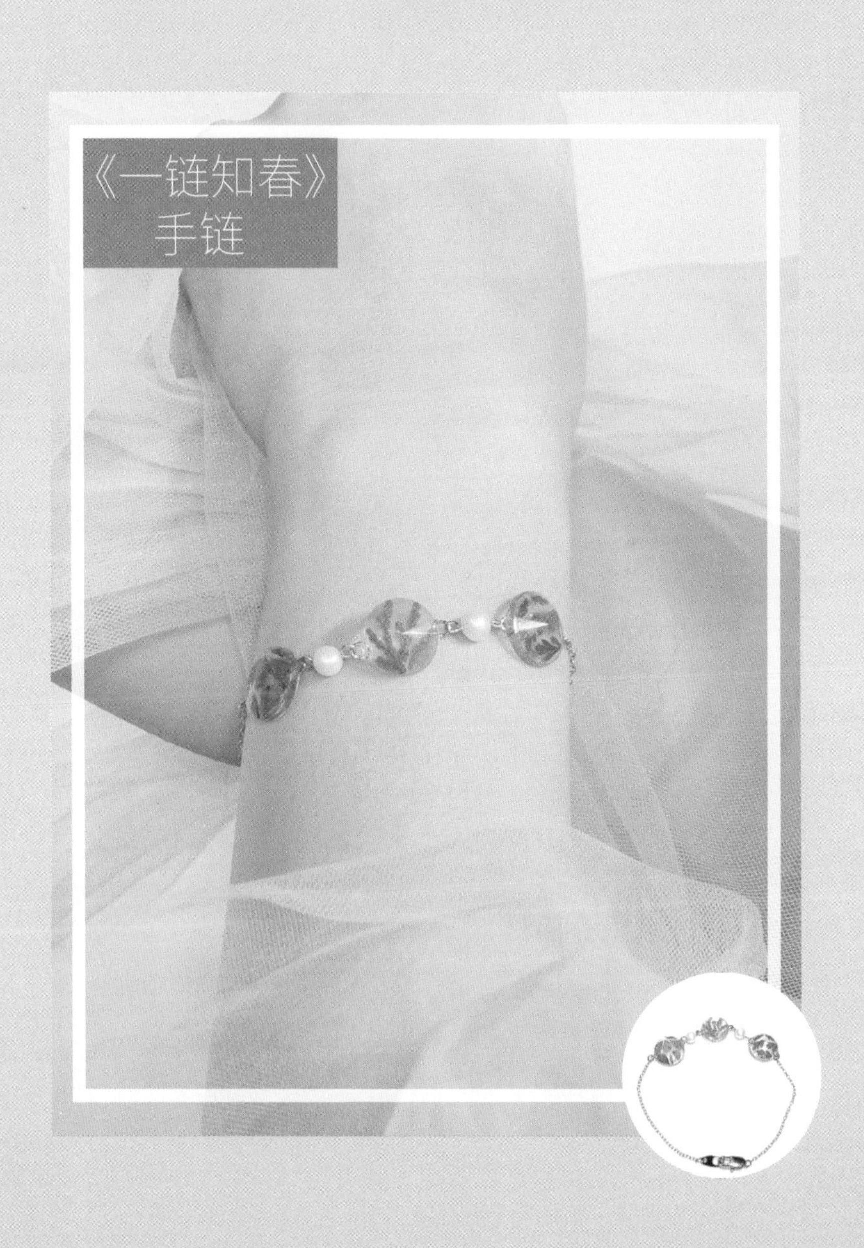

《一链知春》手链材料包

- **工具：** 固化灯、剪刀、镊子、模具、平口钳、圆口钳、笔刷
- **配件：** 龙虾扣、连接片、散链、珍珠、9字针、开口圈
- **材料：** 固化胶、小叶子（侧柏、绿乌蕨、铁线蕨等的叶子）

01

准备一个干净的模具，在里面挤入少量固化胶。

02

用笔刷均匀推开，让固化胶均匀填满整个模具底部。

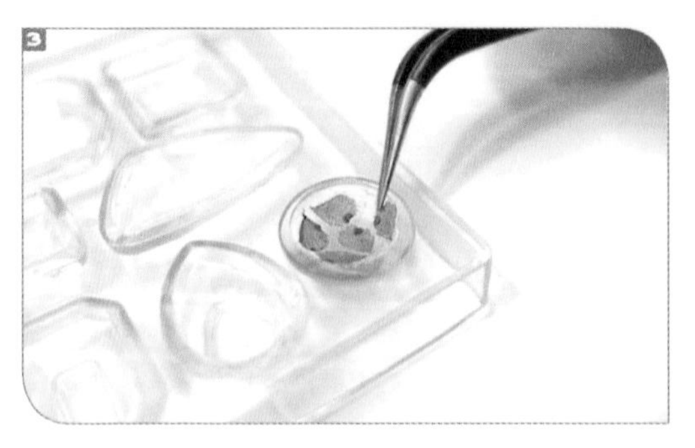

03

摘取适当大小的叶子，较绿的一面朝下，平铺在固化胶上。

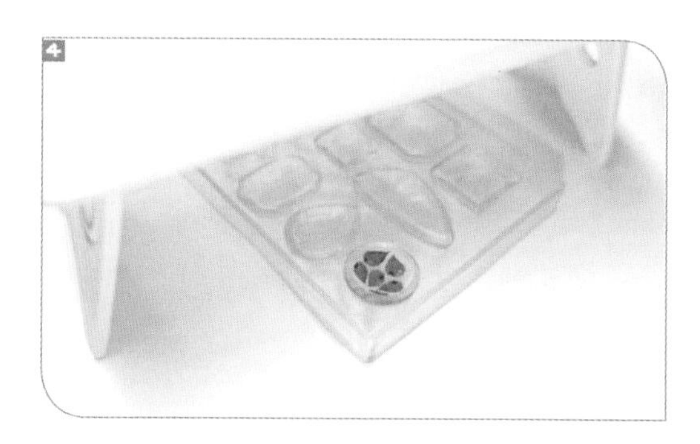

04

将模具放入固化灯中照射 1 分钟，使胶水初步凝固。

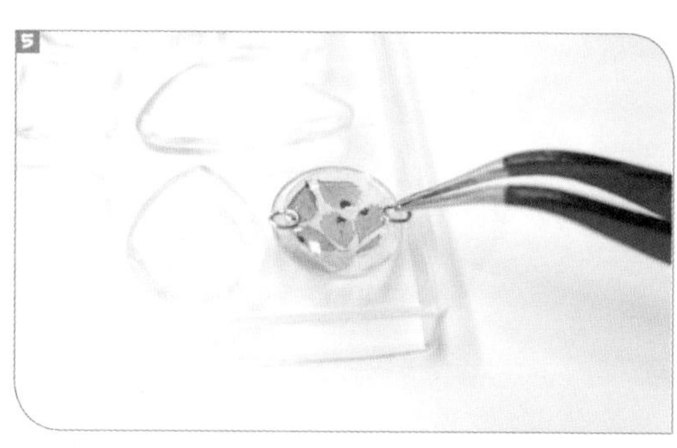

05

再次挤入固化胶填满模具，用笔刷均匀推开后将开口圈的一半放在模具内的模型上，一半放在模具上，再用笔刷轻推胶水，让固化胶包裹住接触模型部分的开口圈。

06

将模具放入固化灯中照射 4—8 分钟，待胶水完全固化后取出模具。

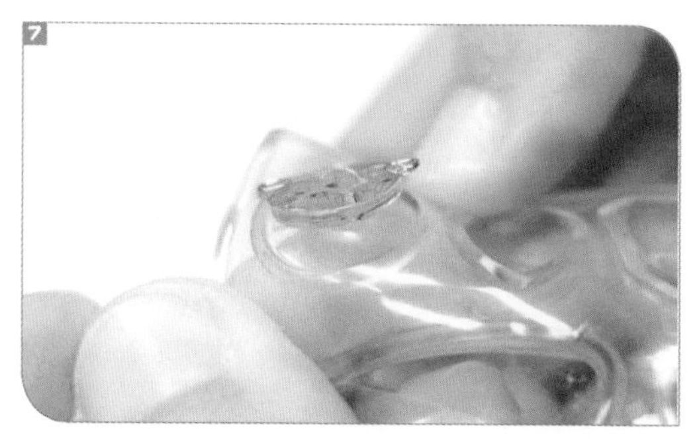

07

用手轻轻向上顶模具底部，模型脱模完成。用上述方法再制作两个同样的模型。

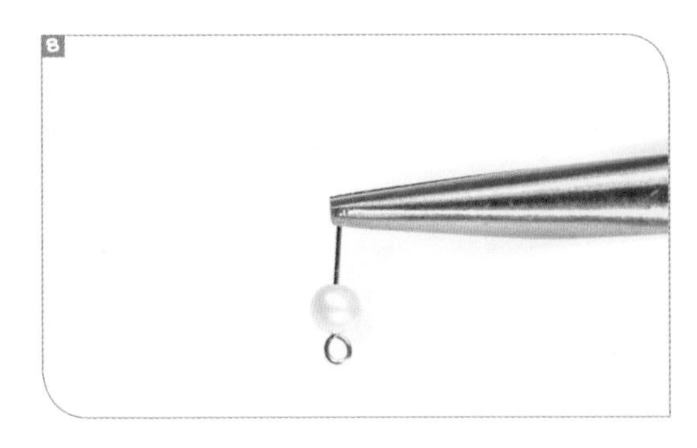

08

取一个 9 字针和一颗珍珠，将珍珠穿入 9 字针内。

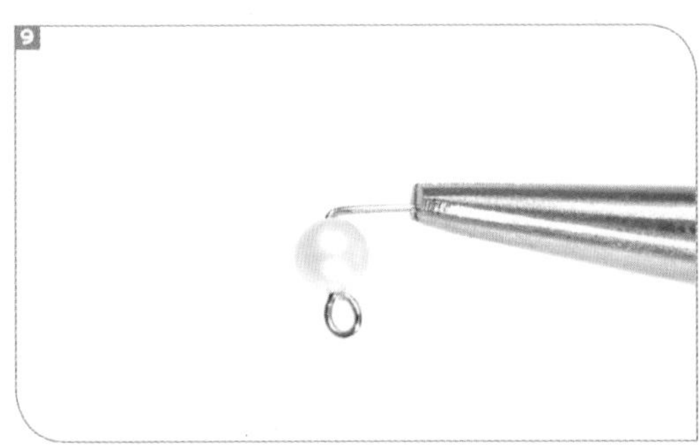

09

用平口钳把 9 字针金线呈 90° 角弯曲。

10

再用圆口钳朝反方向旋转将其绕成圆圈，直至闭合，制成一个串珠“8”字连接圈。

11

按上述方法重复操作一次，再制作一个串珠“8”字连接圈。

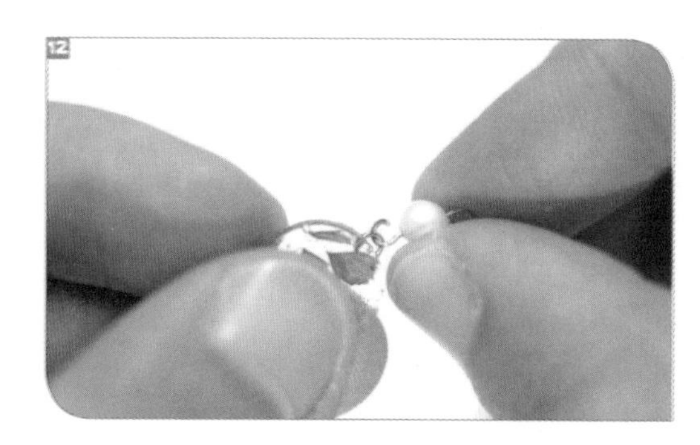

12

打开串珠“8”字连接圈一端的圈口，挂入一个模型的开口圈内并闭合。

13

用同样的方法把另外一个串珠“8”字连接圈也与模型连接起来，连接好后如图所示。

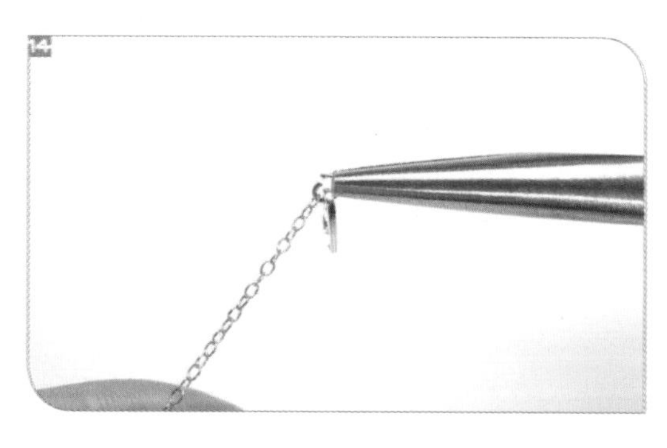

14

选取一条散链将其剪成适合各自手围的长度，将龙虾扣和连接片分别用开口圈挂到散链两端。

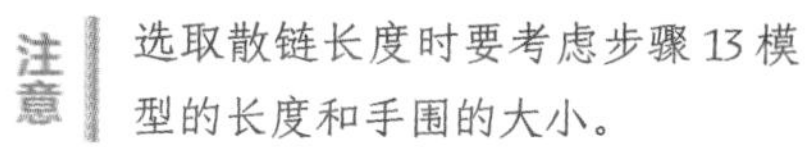

注意 选取散链长度时要考虑步骤 13 模型的长度和手围的大小。

15

用剪刀把散链剪成等长的两条链条。

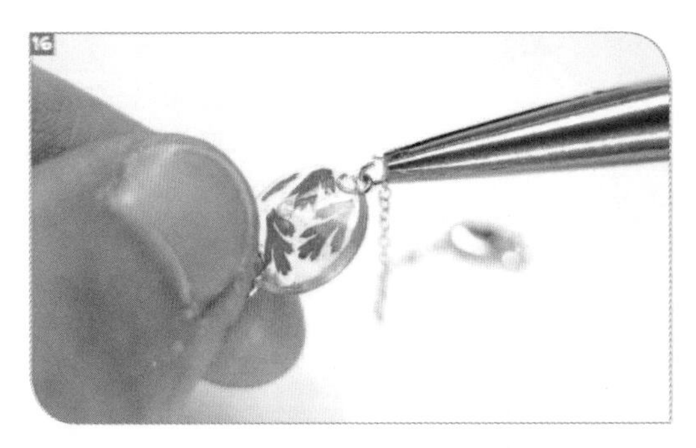

16

打开一个新的开口圈，将模型和链条都挂入开口圈，并闭合开口圈。

小贴士 在挂入链条之前先将两条链条与模型的长度和手围大小比较一下，若长度不适合，可将两条链条对称地剪去一部分。

17

用上述同样的方法将另一条链条挂入模型另一端的开口圈。

18

一条《一链知春》手链制作完成。

22 | 《夜芭蕾》耳饰

《夜芭蕾》耳饰材料包

- **工具：** 固化灯、剪刀、镊子、硅胶垫、模具、海绵、笔刷、牙签
- **配件：** U 形耳钩、耳钉堵、珍珠、开口圈
- **材料：** 固化胶、满天星、金箔

01

准备一个干净的模具，把模具内的硅胶柱剪去 3mm 左右。

02

把固化胶瓶的瓶嘴塞入模具挤入一半模具量的固化胶。

03

用剪刀将满天星和金箔剪裁成适当大小，再用镊子夹着它们浸入模具内的固化胶中。

04

满天星和金箔放好后将模具放入固化灯中照射 4—8 分钟，待胶水完全固化后取出模具。

05

再次向模具内挤入固化胶，注意要少量多次挤入胶水，不能将模具填满，要预留模具顶部空间，用镊子再把一些满天星和金箔浸入固化胶中。

06

接着挤入少量固化胶将模具顶部空间填满，注意固化胶不要溢出模具。胶水填好后放入固化灯中照射 4—8 分钟，待胶水完全固化后取出模具。

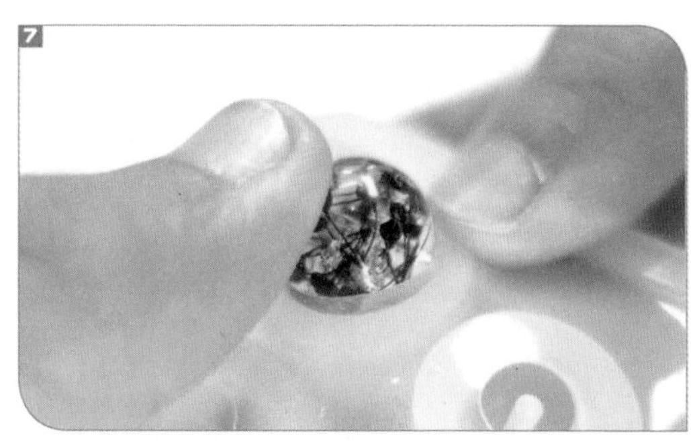

07

用手用力向上顶模具底部，模型脱模后先放在一边。

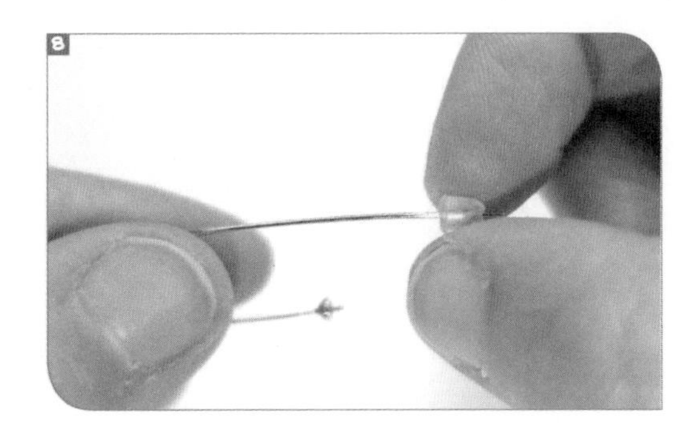

08

把耳钉堵插入U形耳钩中。

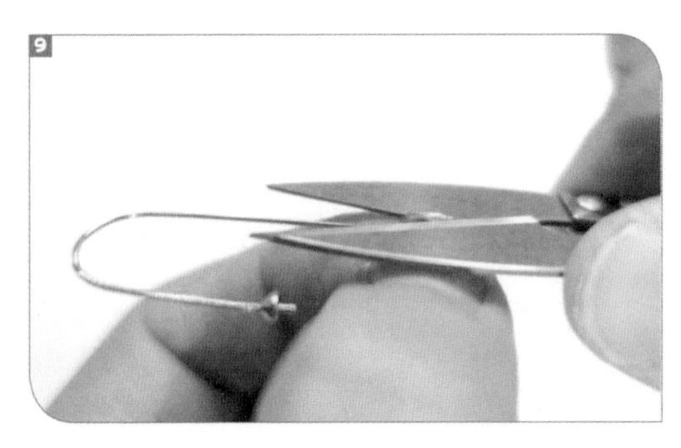

09

将耳钩平放，用剪刀将耳钉堵外圈剪薄。

注意 不要把耳钉堵中间部分剪裂开来。

10

耳钉堵剪好后塞进模型孔中。

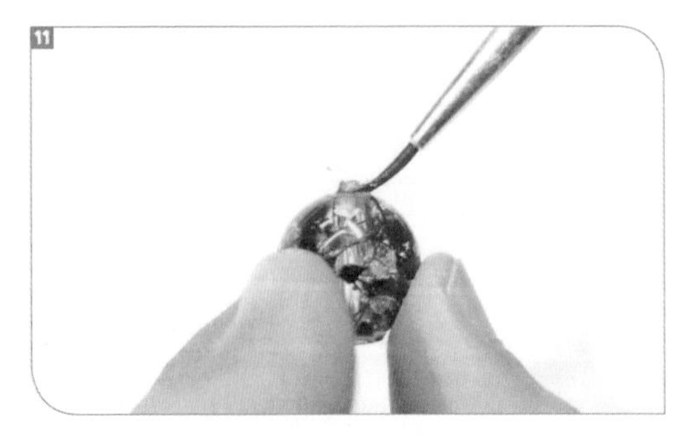

11

在模型口处涂上少量固化胶。

注意 固化胶不要堵住耳钉堵孔。

12

将开口圈放在模型口，围住耳钉堵。

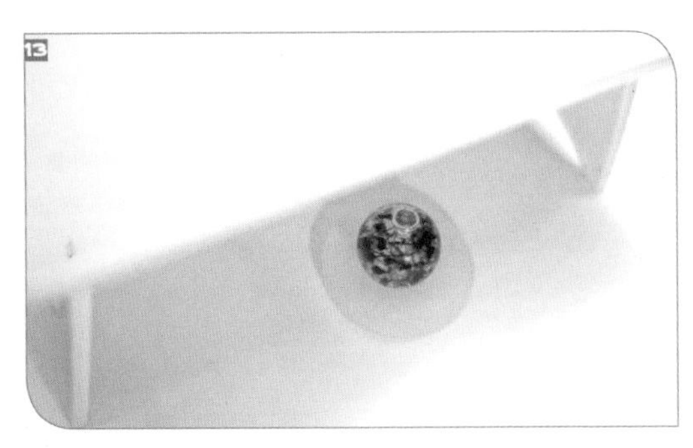

13

将模型放在硅胶垫上推入固化灯中照射4—8分钟，使开口圈处的固化胶完全固化。

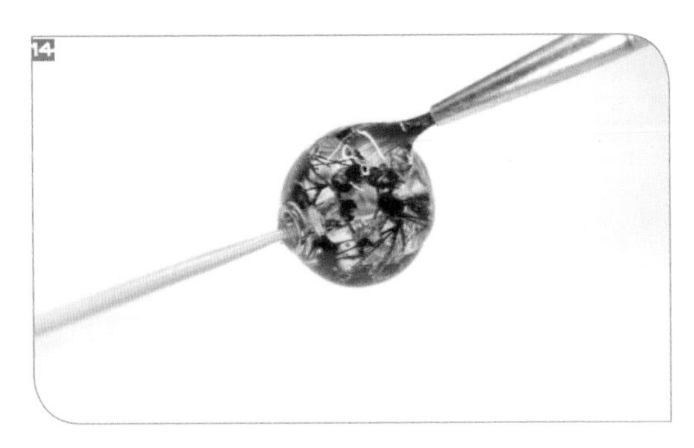

14

把牙签插入耳钉堵，在模型上挤入固化胶，用笔刷均匀推开直至涂满整个模型。注意胶水不要与牙签粘连。

15

用手捏着牙签，将模型放入固化灯中照射1分钟，照的过程中用手来回转动牙签，使胶水初步均匀固化。照射结束后将牙签剪短插入海绵中，继续照射4—8分钟，待胶水完全固化后取出模型。

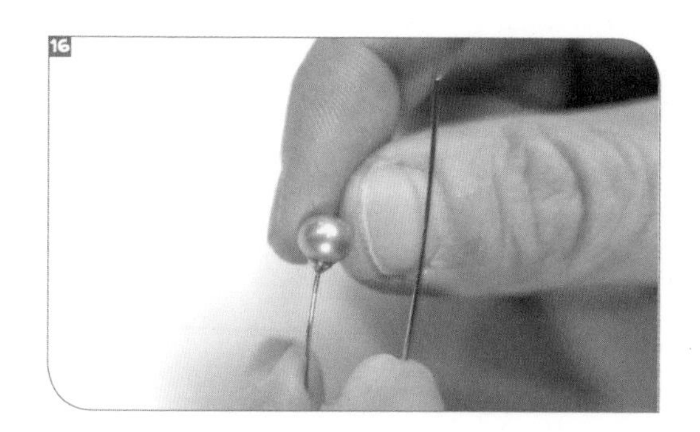

16

在耳钩的珍珠托上涂上固化胶，把珍珠放到珍珠托上。

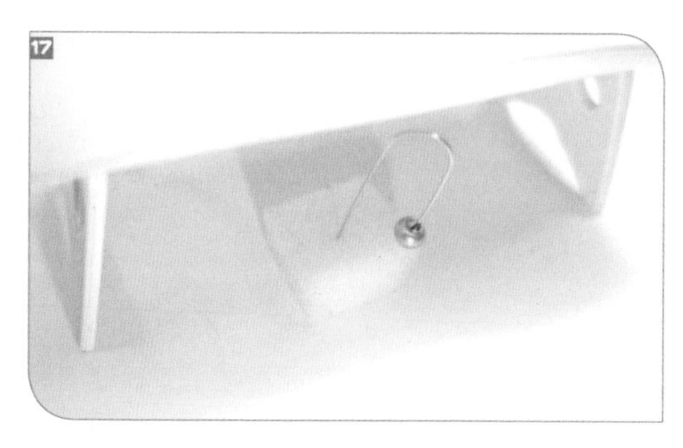

17

将粘有珍珠的耳钩插入海绵中固定好，放入固化灯中照射 4—8 分钟，直至胶水完全固化。

18

将 U 形耳钩另一端插入模型内，一只《夜芭蕾》耳饰制作完成。如上述步骤重复操作一次制作另一只耳饰，作品制作完成。

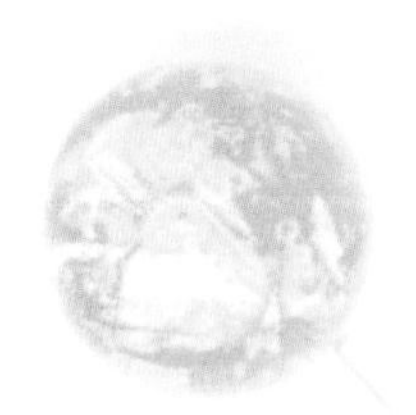

23 | 《浓情南非》耳饰

《浓情南非》耳饰材料包

- **工具：** 固化灯、剪刀、镊子、硅胶垫、笔刷
- **配件：** 耳针、锆石、平底钻、小金珠、耳钉堵
- **材料：** 固化胶、非洲菊

01

用剪刀把非洲菊的花瓣修剪成 2mm 宽的小花瓣。

02

准备一个干净的模具，在硅胶垫上薄涂一层直径 1cm 左右的固化胶。

03

把剪好的花瓣呈扇形贴到硅胶垫上，放入固化灯中照射 1 分钟，使胶水初步固化。

04

花瓣粘贴好后在花瓣表面挤入固化胶，用笔刷均匀涂满花瓣。

05

将锆石、平底钻、小金珠点缀到花瓣上。

06

点缀好后，将硅胶垫放入固化灯中照射 4—8 分钟，待胶水完全固化后取出硅胶垫。

07

将花瓣翻转，在另一面挤入固化胶并将其均匀涂满，用镊子把耳针放在如图所示位置，静置一会儿，直到耳针能直立在花瓣上，随后把硅胶垫再次放入固化灯中照射 4—8 分钟，待胶水完全固化后取出硅胶垫。

08

如图所示，再次将花瓣涂满固化胶，用笔刷把固化胶引至耳针周围，放入固化灯中照射 4—8 分钟，直至胶水完全固化取出。

09

一只《浓情南非》耳饰制作完成。如上述步骤重复操作一次制作另一只耳饰，作品制作完成。

24 | 《海洋之星》项链

《海洋之星》项链材料包

- **工具：** 固化灯、硅胶垫、笔刷、剪刀、平口钳
- **配件：** 黑尖晶、金包边、成品链、金线、平底钻（黑色）、开口圈
- **材料：** 固化胶、非洲菊

01

准备一个干净的模具，在硅胶垫上薄涂一层直径 1cm 左右的固化胶。

02

用剪刀将非洲菊的花瓣修剪成 2mm 宽度大小，剪好后将花瓣拼接成花朵状（花朵尽量靠近硅胶垫边缘，方便后期固定开口圈）。将拼接好的花朵放入固化灯中照射 1 分钟，使胶水初步固化。

03

用金包边围住平底钻（黑色），再将金线穿入金边两端连接圈内，用平口钳牢牢夹住金线，将钻沿顺时针方向旋转，直至扭断金线。

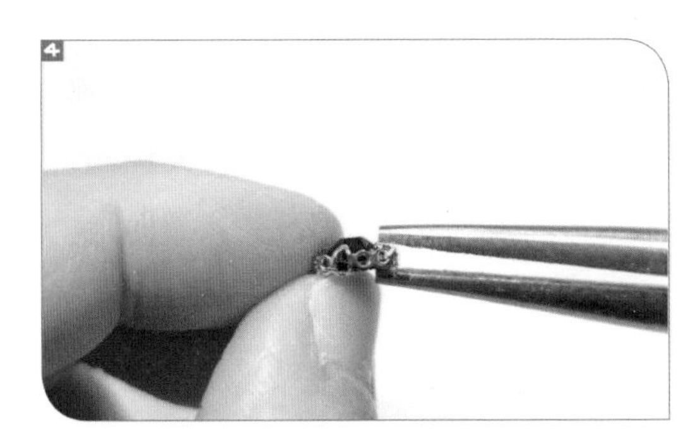

04

用平口钳压扁金包边凸起的尖角，使金包边紧扣平底钻（黑色）。

05

在花瓣上挤入固化胶，用笔刷均匀推开。

06

把一个包好金边的平底钻（黑色）放在花瓣中间，再将黑尖晶点缀在平底钻一周。

07

接着把硅胶垫放入固化灯中照射 4—8 分钟，待胶水完全固化后取出硅胶垫。

08

将花瓣翻转，在另一面挤入固化胶，将其涂满，取一个开口圈，将其一半放在花瓣上，一半悬空。用笔刷轻推固化胶，使其包裹住接触花瓣部分的开口圈。胶水涂好后放入固化灯中照射4—8分钟，让胶水完全固化。

09

把花朵和成品链挂入开口圈并闭合。

10

一条《海洋之星》项链制作完成。